普通高等教育"十三五"规划教材

云南省高等学校质量工程项目

城市绿地系统规划实验实习指导

段晓梅　主编

中国农业大学出版社

·北京·

内容简介

本书包括11个实验和1个实习，分别是校园绿地现状调查、城市公园绿地现状调查分析、城市公园绿地规划、城市道路绿地规划、城市居住绿地规划、城市工业绿地规划、城市防护绿地规划、城市其他绿地规划、城市绿地植物规划、城市古树名木保护规划、城市避灾绿地规划及某城市/县城/镇区/城市某片区的绿地系统规划实践，附件三个，即实地调查中照片拍摄的注意事项、制图规范和与实验配套的规划图示例。每个实验实习指导包括实验目的及意义、实验分组、实验工具、基础知识、实验内容、实验方法及步骤、实验报告及编写要求、思考问题八个部分，每个实验实习之后列出了调查表和统计表。

本书可与中国农业大学出版社即将出版的"十三五"规划建设教材《城乡绿地系统规划》配套使用，也可单独使用，适用于本科及研究生层次绿地系统规划教学的实验实习指导。

图书在版编目(CIP)数据

城市绿地系统规划实验实习指导/段晓梅主编.—北京：中国农业大学出版社，2017.1

ISBN 978-7-5655-1772-3

Ⅰ.①城… Ⅱ.①段… Ⅲ.①城市规划-绿化规划-系统规划-实验-高等学校-教学参考资料 Ⅳ.①TU985.1-33

中国版本图书馆CIP数据核字(2017)第004557号

书　　名　城市绿地系统规划实验实习指导
作　　者　段晓梅　主编

策　　划　梁爱荣　　　　**责任编辑**　梁爱荣
封面设计　郑　川　　　　**责任校对**　王晓凤
出版发行　中国农业大学出版社
社　　址　北京市海淀区圆明园西路2号　　　　**邮政编码**　100193
电　　话　发行部 010-62818525，8625　　　　**读者服务部**　010-62732336
　　　　　　编辑部 010-62732617，2618　　　　**出 版 部**　010-62733440
网　　址　http://www.cau.edu.cn/caup　　　　**E-mail**　cbsszs@cau.edu.cn
经　　销　新华书店
印　　刷　涿州市星河印刷有限公司
版　　次　2017年1月第1版　　2017年1月第1次印刷
规　　格　787×1 092　　16开本　　6印张　　145千字　　彩插6
定　　价　23.00元

图书如有质量问题本社发行部负责调换

编 写 人 员

主　编　段晓梅（西南林业大学）

参　编　杨茗琪（西南林业大学）
明　珠（西南林业大学）
张继兰（西南林业大学）
李　煜（西南林业大学）

前　言

本书是高校城市绿地系统规划课程的配套实验实习指导，城市绿地系统规划是以城乡规划学、植物学、景观生态学、气象学、植物地理学等多门学科为基础，多学科交叉、结合的产物，是一门实践性很强的课程。

城市绿地系统规划的主要任务是在深入调查研究的基础上，根据城市总体规划中的城市性质、发展目标、用地布局等规定，结合城市绿地分类与指标体系科学确定市域、规划区、建成区三个层次的绿地建设特色、绿地系统结构布局，建立各类绿地体系、确定绿地发展指标、城市绿地建设的途径等，以达到保护和改善城市生态环境、优化城市人居环境质量、促进城市可持续发展的最终目标。

目前我国高等学校本科层次的城乡规划、园林、人文地理与城乡规划、环境艺术等专业及研究生层次的风景园林学、城乡规划学、风景园林专业硕士等多个专业均开设了城市绿地系统规划课程。本实验实习指导编制目的是帮助学生配合城市绿地系统规划的理论学习，全面掌握城市绿地系统规划的方法和内容，提供实验实习指导。

本实验实习指导可与中国农业大学出版社即将出版的“十三五”规划建设教材《城乡绿地系统规划》配套使用，也可单独使用，适用于本科及研究生层次绿地系统规划教学的实验实习指导。本指导包括 11 个实验和 1 个实习，具体内容及编写人员如下：校园绿地现状调查（实验一）由杨茗琪编写，城市公园绿地现状调查分析（实验二）、城市公园绿地规划（实验三）、城市道路绿地规划（实验四）由张继兰编写；城市居住绿地规划（实验五）、城市工业绿地规划（实验六）由李煜编写；城市防护绿地规划（实验七）、城市其他绿地规划（实验八）及实地调查中照片拍摄的注意事项（附件一）由明珠编写；城市绿地植物规划（实验九）和制图规范（附件二）由杨茗琪编写；城市古树名木保护规划（实验十）、城市避灾绿地规划（实验十一）及某城市/县城/镇区/城市某片区的绿地系统规划实践（实习）由段晓梅编写。

以上涵盖城市绿地系统规划的基本内容，每个实验实习指导包括实验目的及意义、实验分组、实验工具、基础知识、实验内容、实验方法及步骤、实验报告及编写要求、思考问题八个部分，每个实验实习之后列出了调查表、统计表和规划图示例。

各学校可根据不同专业教学计划中绿地系统规划的具体实验、实习的学时安排选做。建议每个实验安排 4 学时，实习安排 3～6 天。

本书由云南省高校教学质量工程——城市绿地系统规划教学团队建设项目资助出版，得到全体团队建设成员的支持，是参编人员长期进行绿地系统规划实践、教学和科研的实践经验和成果积累。编写过程中力求内容的科学性、准确性和可操作性，因城市绿地系统规划涉及多学科、实践性强，编写过程中难免存在不足之处，敬请读者批评指正，请联系段晓梅(842543697@qq.com)，衷心感谢！

编　者

2016年10月

目　　录

实验一　校园绿地现状调查

一、实验目的和意义

城市绿地现状调查是城市绿地系统规划的工作基础，也是完成科学、合理的城市绿地建设的重要保障。校园绿地现状调查又是更大范围的城市绿地现状调查的基础。

校园绿地现状调查，目的在于培养学生绿地现状调查、搜集信息和现状分析的能力，掌握绿地现状调查的方法、步骤和调查内容，以及在现状分析中发现问题的能力。

(1)通过对校园内各类型绿地的现状调查，提高对城市绿地的感性认识。

(2)明确城市绿地系统规划绿地现状调查的工作内容。

(3)明确城市绿地系统规划现状调查的方法。

(4)为后期绿地系统规划实践打下坚实的基础。

二、分组要求

3 人一组完成现状调查分析，每人独立完成绿地现状调查报告。

三、实验仪器、用具

调查用图：由教师提供调查区域的地形图、用地现状图和规划图，学生自行下载调查区域的高清卫星影像图。

实验仪器：安装有 AutoCAD、Adobe Photoshop 等制图软件的工作电脑。

实地调查时需带的用具和资料：适宜尺寸的卫星影像图、相机、面积测量仪、软尺、标本夹、记录表、记录笔等。

四、需掌握的基础知识

(一)熟悉以下相关规范与知识

(1)《城市用地分类与规划建设用地标准》(GB 50137—2011)。

(2)《城市绿地分类标准》(CJJ/T 85—2002)。

(3)《城市园林绿化评价标准》(GB/T 50563—2010)。

(4)《国家园林城市系列标准》(2016)。

(5)《城市园林评价标准实用手册》(王磐岩,等.北京:中国建筑工业出版社,2012)。

(二)掌握以下相关指标的计算方法

1.绿化覆盖率

用地内植物的垂直投影面积占该用地面积的百分比。

2.绿地率

用地内各类绿地总面积占该区域面积的百分比。

3.人均绿地面积

用地内常住人口人均拥有绿地的面积。

4.城市道路绿地达标率

$$城市道路绿地达标率=\frac{符合道路绿地率要求的城市道路长度(km)}{城市道路总长度(km)}\times 100\%$$

根据《城市道路绿化规划与设计规范》(CJJ/75—1997),在道路红线范围内,不同宽度的道路应达标的绿地率分别为:

■ 园林景观路绿地率≥40%

■ 道路红线宽度≥50 m,绿地率≥30%

■ 道路红线宽度 40~50 m,绿地率≥25%

■ 道路红线宽度 12~40 m,绿地率≥20%

■ 道路红线宽度<12 m 的城市道路(支路)不计入评价统计

5.城市道路绿化普及率

$$城市道路绿化普及率=\frac{道路两旁种植有行道树的城市道路长度(km)}{城市道路总长度(km)}\times 100\%$$

6.林荫路推广率

$$林荫路推广率=\frac{达到林荫路标准的人行道、非机动车道长度(km)}{人行道、非机动车道总长度(km)}\times 100\%$$

(三)熟悉以下分级参考标准

1.植物生长状况评价参考标准

优:长势旺盛,无病虫害,树冠极完整;

良:长势较好,有少量病虫害,树冠较完整;

中:长势一般,有较明显病虫害,树冠不太完整;

差：长势差，明显病虫害，树冠不完整或濒临死亡。

2. 年龄结构分级参考标准

幼年期：是指树木从种子萌发到第一次开花为止。其特点是景观形态和栽培习性可塑性强，树冠、根系扩展快，枝条组织生长不充实，易发生冻害。

青年期：是指树木从第一次开花到大量开花。其特点是大量开花，树冠逐渐扩大，但树木的可塑性不强。

成年期：为树冠及开花结实的稳定期。其特点是枝条根系生长由于代谢旺盛受到抑制，地下根须出现大量死亡。树冠内部发生少量生长旺盛的更新枝，开始出现向心更新。

老年期：是指树冠逐渐缩小，开花结果量减少，直至死亡的衰亡阶段。其特点是树体平衡遭到严重破坏，输导组织老化，树体衰老，对外界不良环境抵抗力较弱，病虫害滋生。

(四)熟练使用以下软件

AutoCAD、Adobe Photoshop；Google Earth 等下载卫星影像图软件。

五、实验内容

以组为单位，对校园内所有绿地进行实地调查，对调查结果进行统计分析，最终形成调查报告。

六、实验方法与步骤

(一)前期准备

(1)熟悉校园内地形地貌、气候土壤、生态环境、周边环境等概况，对校园的绿化有总体的了解；掌握规划必备的基础知识。

(2)使用相关软件下载校园卫星影像图。

(3)确定实地调查范围并进行合理分区，确定调查路线，设计、制作实地调查表(可参考附表 1-1 至附表 1-5)。

(二)现场调查

(1)携带卫星影像图、调查表、相机、面积测量仪、软尺、标本夹、记录表格、记录笔等工具进行实地调查。

(2)进行现场踏勘，在卫星影像图或地形图上复核、标注出校园内现有绿地的范围、属性等信息，利用测量工具测量实际绿地面积、绿化覆盖面积等信息，并相应在绿地现状调查表格上记录各类绿地相关信息，对绿地状况进行照片采集；对绿地现状植物识别、登记，对于现场不能识别或难以确定的植物，则采集标本、附上标签、拍摄照片，以便后期做室内物种鉴定。

(3)除上述调查表中的内容，还应调查各片区的地形、水体、景石、园路铺装、建筑小品、照明设施、休憩设施等景观要素的基本情况。

(4)根据调查内容，在进行现场调查的同时与师生进行访谈，了解他们对校园绿地的评价、意见与建议。

(三)调查资料整理、统计和分析

(1)将现场调查所得的现状资料和信息进行汇总，计算相关指标，形成各类统计表；并分析各绿地的比例、空间分布及植物应用状况，找出存在的问题，提出解决的办法。

(2)最终形成校园绿地现状分析报告和校园绿地现状图。

(四)总结实验的感悟

认真思考在本次实验中学到的工作方法、规律以及领悟到的道理、心得等。

七、实验报告及编写要求

(一)文字要求

字数：约 3 000 字。具体内容包括：

1. 校园概况

包括占地面积、地形地貌、水文、气候、土壤、生态环境等。

2. 调查时间与调查方法

包括调查用具、人员组成与分工、调查线路安排等。

3. 现状统计及分析

(1)总体绿地结构分析　运用景观生态学原理，分析校园绿地空间布局的合理性等。

(2)相关指标计算　包括人均绿地面积，绿地率，绿化覆盖率，林荫路推广率，道路绿地达标率，道路绿化普及率，绿视率，绿化覆盖面积中乔、灌木所占比率，本地木本植物指数等。

(3)植物现状分析

①主要应用木本植物种植比例分析：裸子与被子植物比例，针叶与阔叶植物比例，落叶与常绿植物比例，乔木与灌木植物比例，乡土木本植物与外来木本植物比例。

②观赏特征分析：观花、观果、香花、色叶、观型、观枝干等。

③生长状况分析：按优、良、中、差四级统计比例，并做文字分析。

④病虫害分析：列出主要病虫害及受害原因分析。

⑤年龄结构分析：幼年树、青年树、成年树、老年树数量比例，并做文字分析。

⑥抗污染植物应用现状分析等。

(4)校园文化的体现，科普功能，学习、生活环境营造等方面的分析。

4. 存在的问题及改造建议

从校园绿地数量、质量两个方面提出改造建议。

5. 附件

(1)附图　校园绿地现状图。

(2)附表　各类调查统计表。

(二)图纸要求

图名：校园绿地现状图。

规格：A3 图幅。

规范：以卫星影像图为底图，需有图纸名称、调查地块范围红线、比例尺、指北针、图例等。

方式：手绘、电脑绘图均可。

(三)调查报告汇报交流

根据现状调查拍摄的照片以及后期分析形成的图纸、报告等内容制作幻灯片并进行汇报，汇报时间控制在 10～15 min。同学间自由交流讨论，教师总结并提出修改建议，每人按要求独立进行后期修改完善，独立提交实验报告。

八、重点思考的问题

校园绿地是由多层次多功能的空间要素按一定的结构组成的有机整体，具有空间形态、功能、环境意象、景观、场所意义等不同层面，这些不同层面是如何相互影响和作用，并共同构成高校校园绿地系统的整体结构的？若不合理，如何改进？

附表 1-1 校园绿地现状调查表(可分教学区、办公区、生活区等片区)

序号	地点、位置全名称	绿地面积/m^2	绿化覆盖面积/m^2	应用植物种类	应用植物数量	景观效果	生长状况	病虫危害	养护状况
1									
2									
3									
4									
5									
6									
7									
8									
9									
10									
11									
12									
13									
14									
15									
16									
17									
18									
19									
20									
21									
22									
23									
合计									

附表 1-2　校园绿地现状调查表(道路绿地)

序号	道路全称	断面形式	道路宽度/m	人行道宽度/m	行道树冠幅/m	道路两旁有行道树的长度起止点(若单边需注明)/m	绿化带宽度	绿化带或行道树起止点	应用植物种类、数量	景观效果	生长状况	病虫危害	养护状况	是否采用节约型园林技术	改造建议
1															
2															
3															
4															
5															
6															
7															
8															
9															
10															
11															
12															
13															
14															
15															
16															
17															
18															
19															
20															
21															
合计															

附表 1-3　道路绿地达标率统计表

序号	道路名称	道路红线宽度/m	道路长度/m	绿带总宽/m	绿地率/%	是否达标	达标长度/m
1							
2							
3							
4							
5							
6							
7							
8							
9							
10							
11							
12							
13							
14							
15							
16							
17							
18							
19							
20							
21							
22							
23							
合计							

附表 1-4　道路绿化普及率统计表

序号	道路名称	道路红线宽度/m	道路长度/m	道路两旁有绿化的长度/m
1				
2				
3				
4				
5				
6				
7				
8				
9				
10				
11				
12				
13				
14				
15				
16				
17				
18				
19				
20				
21				
22				
23				
合计				

注:只有单侧行道树的道路不纳入普及率计算。

附表 1-5　林荫路推广率统计表

序号	道路名称	道路红线宽度/m	道路长度/m	非机动车、人行道长度/m	林荫路长度/m
1					
2					
3					
4					
5					
6					
7					
8					
9					
10					
11					
12					
13					
14					
15					
16					
17					
18					
19					
20					
21					
22					
23					
合计					

注：林荫路指绿化覆盖率达到90%以上的人行道、非机动车道。

实验二　城市公园绿地现状调查分析

一、实验的目的及意义

（一）意义

城市公园绿地现状调查是城市公园绿地规划的工作基础和重要环节。进行公园绿地规划时，首先要对公园绿地现状进行调查，总结分析其特色和存在的问题。通过对调查内容的整理分析，才能进行下一步的规划工作。因此，城市公园绿地现状调查是城市绿地系统规划的重要组成部分，也是完成科学、合理的城市公园绿地规划的重要保障。

（二）目的

（1）培养学生现场调研和搜集信息的能力，掌握科学的调查工作方法以及科学合理的现状分析能力。

（2）了解城市现状公园绿地的布局、功能定位与使用情况，为绿地系统规划中公园绿地规划奠定基础。

（3）通过对公园绿地的实地调查，利用已掌握的专业基础知识，从专业的角度分析总结其特点和存在的问题，从而锻炼学生观察问题、分析问题和解决问题的能力，并领悟到城市绿地系统规划课程的重要性。

二、实验分组

3 人一组完成实地调查的内容，每人独立完成调查报告及公园绿地现状分布图。

三、实验工具

（1）实验仪器用具：安装有 AutoCAD 制图软件、Adobe Photoshop 等软件的电脑。

（2）实地调查需用的工具和资料：相机、钢卷尺、软尺、标本夹、记录笔等。

（3）由老师提供调查区域的用地现状图，学生自己从网上下载调查区域的高清卫星影像图。

四、基础知识

(1)了解调查区域所在城市的气候类型、调查区域在城市中的功能定位，认识常见公园绿地植物，并具有识别未知植物所属的科、属的能力。

(2)掌握现行的公园绿地分类标准中各类公园绿地的用地特征。

(3)掌握公园占地面积、公园绿地面积、人均公园绿地面积、各类公园绿地面积、绿化用地比例、绿地率、绿化覆盖率、公园服务半径覆盖率、公园绿地游人容量等指标的含义及计算方法。

五、实验内容

(1)通过向相关建设单位获取或网络、文献资料查阅等途径收集各公园绿地的建设背景、建设情况及使用情况等资料。

(2)实地调查公园绿地功能及性质、公园绿地布局形式、功能分区、主要景点。

(3)实地调查和勘测公园占地面积、实际绿地面积、实际绿化覆盖面积、植物种类、数量及规格、病虫害、植物配置形式、养护及管理情况、基础设施、服务设施和避灾设施、节约型绿地面积及技术。

(4)游人访谈或问卷调查。访谈或问卷内容为游人性别、年龄、游人到公园的交通方式及时间，来公园的频率、来公园的原因、在公园停留的时间、一天中来公园的时段、来公园的季节、在公园通常做的活动、对公园的意见和建议等，要求访谈内容真实、客观。

(5)调查游人容量及公园使用情况。

(6)计算公园绿化覆盖率、绿地率、调查区域内人均公园绿地面积、公园服务半径覆盖率。

六、实验方法及步骤

(一)前期准备

查阅现行的《城市用地分类与规划建设用地标准》、《城市绿地分类标准》、《公园设计规范》和《城市园林绿化评价标准实用手册》等资料，掌握公园绿地分类、公园绿地建设指标、绿地率、绿化覆盖率、人均公园绿地面积、公园服务半径覆盖率的内涵及计算方法、评价标准、各类公园绿地的规模和服务半径要求。

(1)查阅调查区域的相关规划与建设资料，如现行的《城市总体规划》、《城市绿地系统规划》、《城市旅游规划》及城市各公园绿地的竣工图纸等。

(2)查阅公园绿地现状资料，了解城市的自然地理概况，包括地理位置与人口分布、土地资源及利用条件、气候、水源特征、植被等，现状公园绿地的建设背景，公园绿地性质，公园绿地面积，公园绿地用地比例，主要设施，经营与管理情况等。

(3)以调查区域的地形图和用地规划总图为依据，借助卫星影像图，在图纸上标注各公园的位置、名称，确定调查路线。

(二)实地调查

通过实地现状调查和测量各公园绿地的性质，公园绿地类型、特色，绿地面积，绿化覆盖面积，公园绿地中植物群落类型、组成，应用植物种类、数量，植物配置形式，植物生长及养护情况按四级划分，基础设施与服务设施，避灾设施，公园建设及管理情况等，并拍摄照片，拍摄内容为公园绿地全景、节点景观风貌、公园绿地建设及养护情况、植物病虫害情况、公园绿地道路及广场建设及使用情况、水域景观及维护情况、园林建筑风貌、设施建设及使用情况、公园绿地与周边环境或用地的关系。要求照片清晰、重点突出、针对性强。实地调查情况填附表 2-1。

(三)资料整理、分析

(1)以搜集到的公园竣工图图纸、卫星影像图为辅助资料，结合调查表格记录的内容，分类统计各公园绿地的占地面积、绿地面积、绿化覆盖面积、水域面积、道路及广场面积、建筑面积，计算各公园绿地的绿地率、绿化覆盖率、公园游人容量、公园服务半径覆盖率(附表 2-2)。

(2)通过公园服务半径覆盖率分析公园绿地分布的合理性；通过公园绿地率及绿化覆盖率分析公园绿地建设达标情况；通过植物病虫害、绿化养护水平、设施的维护等方面分析公园管理情况；通过功能分区、交通组织、园林建筑、植物配置、设施配套等方面分析公园建设的合理性和特色；通过对游人访谈和公园实际使用情况分析公园绿地建设的优点和需要完善的方面(附表 2-3)。

(四)总结实验的感悟

认真思考在本次实验中学到的工作方法、规律以及领悟到的道理、心得等。

七、实验报告及编写要求

(一)文字要求

(1)完成不低于 3 000 字的说明书，其中调查区域概况的内容不超过 1 000 字。

(2)现状调查分析报告应包括以下内容的统计分析。

①调查区域公园绿地布局、公园服务半径覆盖率现状、各类公园的数量、绿地面积、分析公园绿地分布的合理性。

②各公园概况，包括位置、占地面积、性质、定位、公园特色、功能分区、结构布局、周边交通。

③植物种类数量、植物配置、设施配套、绿化园地、道路及广场面积、水域面积、建筑面积、绿地率、绿化覆盖率。

④分析各公园在选址、功能分区、交通组织、建筑、植物配置、设施配套、养护及公园管理水平、整体景观风貌、游人满意度等方面的情况。

(3)实验感悟：阐述在本实验中感悟到的方法、规律、经验教训、道理、心得等。

(二)图纸要求

(1)以城市卫星影像图为基础图纸，应用 AutoCAD 和 Adobe Photoshop 软件绘制调查区域城市公园绿地现状分布图，在图内简要文字说明；并标注比例尺、风玫瑰及图例等。

(2)以城市卫星影像图为基础图纸，应用 AutoCAD 和 Adobe Photoshop 软件绘制城市现状公园绿地服务半径覆盖率示意图 A3 图纸。并标注比例尺、风玫瑰及图例等。

八、思考问题

(1)根据调查数据与各项指标标准对比分析，该调查区域的现状公园绿地分布是否合理？若不合理，应该如何提升改造？

(2)调查区域城市公园绿地建设是否能展现城市地域、历史文化、民族风情特色？

附表 2-1　城市公园绿地现状调查表

序号	公园名称、位置	公园类型	占地面积/m^2	绿地面积/m^2	实际绿化覆盖面积/m^2	应用植物种类、数量、生长势	植物配置情况	养护、管理情况	基础设施、服务设施、避灾设施	公园管理情况	功能性、景观性、文化性	节约型绿地面积、节约型技术	改造建议	照片编号
1														
2														
3														
4														
5														
6														
7														
8														
9														
10														
11														
12														
13														
14														
15														
16														
17														
18														
19														
20														
合计														

附表 2-2 城市公园绿地服务半径覆盖率统计表

序号	小区全名称	小区占地面积/m^2	公园服务半径覆盖居住用地的面积/m^2	覆盖的公园绿地名称
1				
2				
3				
4				
5				
6				
7				
8				
9				
10				
11				
12				
13				
14				
15				
16				
17				
18				
19				
20				
21				
22				
23				
合计				

附表 2-3　城市公园绿地现状调查访谈表

序号	性别	年龄	到公园的交通方式及所需时间	来公园的频率	来公园的原因	在公园停留的时间	一天中来公园的时段	来公园的季节	在公园做的活动	对公园的意见和建议
1										
2										
3										
4										
5										
6										
7										
8										
9										
10										
11										
12										
13										
14										
15										
16										
17										
18										
19										
20										
21										
22										
合计										

实验三　城市公园绿地规划

一、实验目的及意义

（一）意义

城市公园绿地作为城市绿地系统的重要组成部分，是构成城市绿色开敞空间的主体，具有为市民提供休闲与游览的活动空间、改善城市生态环境、塑造城市风貌、防火、避灾、抵御城市灾害等多方面的功能。不同性质的公园绿地担负着各自的功能。城市公园绿地规划依据城市总体规划，在对规划区地形地貌、用地规划情况、公园绿地现状地调查分析以及景观结构与空间布局关系分析的基础上，规划不同规模、性质的公园绿地，形成类型多样、各具特色、服务半径合理的公园绿地体系，从功能上满足城市居民的各项需求，从系统上与城市其他各类绿地相互联系形成有机统一体。

（二）目的

（1）培养学生现场调研和搜集信息的能力，掌握科学有效的调查分析方法。

（2）了解城市公园绿地规划的有关要求、相关规定、标准、规范。

（3）掌握城市人均公园绿地面积、公园绿地服务半径覆盖率计算方法和评价要求、公园绿地率及绿化覆盖率的计算方法。

（4）培养学生公园绿地规划说明书编写和规划图纸绘制的能力，规范规划说明书的编写和规划图纸的制作，并巩固学生所学的基本理论知识。

二、实验分组

3 人一组实地调查，每人独立完成规划内容。

三、实验工具

（1）实验仪器用具：安装有 AutoCAD 制图软件、Adobe Photoshop 等软件的电脑。

(2)实地调查需用的工具和资料:相机、钢卷尺、软尺、标本夹、记录笔等。

(3)由教师提供规划区域的地形图和用地规划总图,学生自己从网上下载规划区域的高清卫星影像图。

四、基础知识

(1)了解规划区所在城市的气候类型、规划区在城市中的功能定位。

(2)掌握目前国内城市公园绿地规划建设方面的相关标准、规范和要求。

(3)掌握城市公园绿地的分类标准。

(4)掌握城市人均公园绿地面积、公园绿地服务半径覆盖率计算公式、计算方法和评价要求。

(5)掌握各类公园绿地规划原则、功能分区、道路组织、建筑控制、植物配置等规划要点。

五、实验内容

(1)现状调查与分析。

①通过实地现状调查和测量各公园的性质、公园面积、公园绿地面积、应用植物种类、植物配置情况、养护情况(四级)及生长势、服务设施、避灾设施、公园管理情况等。

②计算各公园的绿地率及绿化覆盖率,根据调查区域内城区常住人口数量,计算人均公园绿地面积。

③分析城市公园绿化乡土木本植物的应用,物种丰富性,植物配置的合理性,养护水平及质量,景观效果及特色。

④分析现状公园绿地的可达性、文化性、功能性等。

⑤对照城市总体规划中公园绿地的位置、类型,实地考察周边用地性质,场地地形、地表覆盖物等是否适合建设公园绿地,如果不合理,可对公园绿地位置、规模、类型做适当调整。

(2)确定规划区域内公园绿地规划依据、规划指导思想、规划原则、规划目标。

(3)对建成区内未达标的已建设公园绿地提出提升改造或扩建规划。

(4)根据城市总体规划人口发展的预测规模,确定规划期内近、中、远期公园绿地面积指标,公园绿地类型、数量、功能、景观形态。

(5)结合公园服务半径要求及城市各区域的用地情况合理规划布局城市各类公园绿地。

六、实验方法及步骤

(一)前期准备

查阅《城市绿地分类与规划建设用地标准》、《公园设计规范》、《城市园林绿化评价标准实用手册》、《国家园林城市系列标准》等资料,掌握公园绿地分类,人均公园绿地指标和公园绿地需求总量计算方法,公园绿地游人容量计算方法,公园绿地服务半径覆盖率计算方法和评价要求,公园绿地率计算方法、指标。查阅规划区域所在城市的历史沿革、行政区划、地理环境、自然资源、人口民族、经济、社会事业、交通、景区景点;根据城市总体规划查阅规划区域在城市总体规划中的区位、功能定位以及与周边区域的交通、用地关系;在卫星影像图和规划总图上标注各公园的名称、边界。设计调查表格,可参照附表 3-1。

(二)实地调查

以规划区域的地形图和用地规划总图为依据,借助卫星影像图实地调查。

(1)公园绿地现状调查　调查内容为公园名称、公园类型、占地面积、实际绿地面积、实际绿化覆盖面积,应用植物种类、数量和配置情况,养护情况(四级)及生长势、病虫危害,基础设施和服务设施、避灾设施,公园管理情况,节约型绿地面积及技术、改造建议,并拍摄照片。

(2)总体规划中规划的公园绿地现状调查　依据总规用地规划总图,逐一实地查看规划的公园绿地所处场地是否适合建设公园绿地,适合建设哪类公园绿地以及建设规模,并拍摄场地及周边照片。

(三)公园绿地规划

(1)整理相关调查资料,分析城市公园绿地特色、应用 AutoCAD 软件描出各公园的边界,计算公园服务半径覆盖率、公园绿地各指标达标情况,确定公园绿地规划依据、规划指导思想、规划原则、规划目标。

(2)对规划区域内绿地率、绿化覆盖率及绿化质量未达标的已建设公园绿地提出提升改造、扩建建议。

(3)根据城市总体规划各区域的功能定位、规划用地情况,结合公园服务半径要求合理布局各公园绿地位置、数量、规模。

(4)近、中、远期人口发展情况和建设的区域,确定近、中、远期公园绿地规划指标(附表 3-2)。

(5)确定各公园的规划原则、定位、规划期限、公园占地面积、特色(地域文化、植物、用材、景观营造手法等)、游人容量、绿地率、绿化覆盖率、功能分区、结构布局、交通组织、建筑(体量、功能、造型、材料、色彩)控制、植物配置、水域面积、道路广场面积、建筑面积、特色植物等指标。

(6)规划要点

①综合公园面积一般 5 hm^2 以上，游憩内容丰富，有相应设施，适于公众开展各类户外活动，进行综合公园规划时，根据各项活动和内容的不同，一般分为出入口区、观赏游览区、文化娱乐区、儿童活动区、老人活动区、服务设施和园务管理七大功能区；在交通方面根据各功能区分布和景点设置、游人容量和消防要求合理布局道路走向及规划道路宽度，并设置无障碍通道；植物规划方面首先明确公园植物景观规划理念，然后运用自然界中植物景观形式，按绿地的实际功能要求，结合地形、水、建筑等造景要素，来考虑植物种类的搭配。以乡土树种为公园的基调树种、注重植物的景观季相变化，营造封闭空间、开敞空间、半开敞空间、天时空间。

②社区公园为一定居住用地范围内的居民服务，具有一定活动内容和设施。园内布局应有明确的功能划分，满足不同年龄的市民进行休闲游憩、观赏游览等需求。根据社区公园所处的位置计算公园容量，根据公园容量规划公园道路宽度，并兼顾园区消防功能，以绿荫路为主。植物配置以乡土树种为公园的基调树种、注重植物的景观季相变化。

③儿童公园一般选择在交通方便、与居住区联系密切的城市地段，地形较为平坦。在功能上一般分活动区及办公管理区。活动区按不同的活动特征分为幼儿活动区、学龄儿童活动区、体育活动区、娱乐和少年科学活动区。为防止儿童公园的噪声对周围居民产生影响，在周围应栽植浓密的乔、灌木与之隔离，公园内各功能区之间也应有适当的绿化分隔，同时在注意保证场地有充分日照的前提下，适当选择一些遮阴效果好的乔木，同时考虑儿童的安全及其生理及心理特点，不选有毒、带刺、有刺激性或奇臭、易招致病虫害及易落浆果的植物。

④动物园既有供市民参观游览、娱乐的功能，又有科普教育、保护繁殖珍稀濒危动物、维持生物多样性的功能。动物园在选址时地形应高低起伏，有山冈、平地、水面等自然风景条件和良好的绿化基础。同时应远离居住区，并处于河流下游或下风向地带。功能分区明确，既满足动物的饲养、繁殖、研究和管理，同时又能保证动物的展出，方便游人的参观游览。园区道路、园务管理与游览路线不交叉干扰，分主要园路、次要园路、游览便道、园务管理接待专用园路。园路导向清晰，引导游人游览。在植物配置方面应模拟各种动物的自然生态环境同时兼顾景观效果、游览视线和舒适度。在园的外围应设置一定宽度的防污隔噪、防风、防菌、防尘、消毒的卫生防护林。树种选择无毒、无刺、萌发力强、少病虫害的树种。

⑤植物园是搜集和栽培国内外植物，供科研、教育、游览的一种专类城市公园。有明确的功能分区，各区既互不干扰，又相互联系，从而有利于植物的生长和展出，同时方便游人的参观游览。有清晰的游览路线，园区内可分主要园路、次要园路、游览便道、园务管理

接待和供生产专用的道路。在植物配置方面除了按照植物学的规律划分展区及进行植物配植外，还应考虑景观效果。

⑥游乐公园具有大型游乐设施，绿地的比例大于65%，且单独设置。在功能布局上主要游乐设施应相对集中，形成与公园其他部分相对独立的区域，游乐设施融于绿化环境中。

⑦带状公园为狭长形的公园绿地，兼顾生态景观功能。带状公园因呈狭长形，用地条件受限，规划中应以绿化为主，活动设施和建筑小品不宜过多，注意与城市道路、水系、城墙的紧密结合，注意序列的节奏感和景观效果。

⑧街旁绿地规划中，广场绿地绿地面积在65%以上，要有较强的识别性和围合感，同时要有一定的文化内涵。植物配置应与各项活动及功能空间相结合，突出各功能空间及活动的特征，同时兼顾整体的景观效果。

(四)总结规划实践的感悟

认真思考在本规划实践中学到的工作方法、规律以及领悟到的道理、心得等。

七、实验报告及编写要求

(一)文字要求

(1)完成约3 000字的说明书，其中规划区域概况及现状分析的内容不超过1 000字。

(2)规划说明书应包括城市公园绿地规划依据、规划指导思想、规划原则、规划目标、近、中、远期规划内容；各类公园绿地规划原则，每个公园绿地性质、定位、占地面积、功能分区、结构布局、交通组织、建筑控制、基调及特色植物规划；游人容量、水域面积、道路广场面积、园林建筑面积、绿地率、绿化覆盖率等经济技术指标(附表3-3)。

(二)规划图纸要求

(1)以城市用地规划总图为基础图纸，应用AutoCAD和Adobe Photoshop软件绘制规划区域内各公园绿地布局规划图，在图内简要文字说明；并标注比例尺、风玫瑰及图例等。

(2)以城市用地规划图为基础图纸，应用AutoCAD和Adobe Photoshop软件绘制规划公园绿地服务半径覆盖率示意图A3图纸，并标注比例尺、风玫瑰及图例等。

八、思考问题

(1)小区游园是否应该归为居住附属绿地？

(2)带状公园与街旁绿地应如何区分？

附表 3-1　公园绿地规划现状调查表

序号	公园名称	公园类型	占地面积/m²	绿地面积/m²	实际绿化覆盖面积/m²	应用植物种类、数量、配置情况	生长状况（1.优;2.良;3.中;4.差）	基础设施、服务设施、避灾设施	病虫害	公园管理情况	改造意见	节约型绿地面积、节约型技术	是否采用生物防治技术	改造意见	照片编号
1															
2															
3															
4															
5															
6															
7															
8															
9															
10															
11															
12															
13															
14															
15															
16															
合计															

附表 3-2　近、中、远期建设公园指标表

序号	公园绿地名称	公园绿地位置	公园绿地类型	公园绿地面积/hm^2	近期建设面积/hm^2	中期建设面积/hm^2	远期建设面积/hm^2	人均绿地面积/(m^2/人)	公园游人容量/人	备注
1										
2										
3										
4										
5										
6										
7										
8										
9										
10										
11										
12										
13										
14										
15										
16										
17										
18										
19										
20										
21										
22										
合计										

附表 3-3　规划公园绿地主要经济技术指标

公园绿地占地面积/hm^2	
建筑面积/m^2	
绿地面积/m^2	
道路、广场面积/m^2	
水域面积/m^2	
绿地率/%	
绿化覆盖率/%	
公园人均面积/m^2	
游人容量/人	

实验四　城市道路绿地规划

一、实验目的和意义

(一)意义

随着城市规模的不断扩大,城市道路不断增加,城市道路绿化作为城市道路的重要组成部分,在维护城市生态平衡和提高城市景观价值方面具有重大作用。随着城市机动车辆的增加,交通污染日趋严重,利用道路绿化改善道路环境,已成当务之急。城市道路绿地的规划不仅可以美化城市、净化空气、降低噪声、改善环境条件,形成生态廊道、景观廊道,而且利于组织交通、行车安全,为司乘人员诱导视线、减轻眼睛疲劳,从而减少交通事故的发生,为行人提供安全舒适的慢行环境。同时道路绿化可以作为防灾屏障及缓冲带,提高城市抗灾能力。通过绿化还可以养护道路,稳固路基,保护路面,延长道路寿命。

(二)目的

(1)培养学生现场调研和搜集信息的能力,掌握科学有效的调查分析方法。

(2)了解城市道路绿地规划的有关要求、相关规定及规划依据。

(3)掌握城市道路绿地规划的方法和内容。

(4)掌握各类道路绿地规划要点。

(5)培养学生规划说明书的编写和规划图纸的绘制能力,规范规划说明书的写作和规划图纸的制作,并巩固学生所学的基本理论知识。

二、实验分组

3 人一组实地调查,独立完成每人的规划内容。

三、实验工具

(1)实验仪器用具:安装有 AutoCAD 制图软件、Adobe Photoshop 等软件的电脑。

(2)实地调查需用的工具和资料:相机、钢卷尺、软尺、标本夹、记录笔等。

(3)由教师提供规划区域的地形图和用地规划总图,学生自己从网上下载规划区域的高清卫星影像图。

四、基础知识

(1)了解规划区所在城市的气候类型、规划区在城市中的功能定位。

(2)了解城市道路绿地的分类,道路断面形式。

(3)掌握城市道路绿地规划的相关标准、规范及要求、规划原则。

(4)掌握各类道路绿地规划要点、植物选择和配置要点。

五、实验内容

(1)现状调查与分析:通过实地现状调查和测量各条道路乔灌草种类、规格、数量,计算各条道路的绿地率及绿化覆盖率。分析城市道路绿化应用的植物种类、数量、生长适应性、观赏特性、配置的合理性、景观效果和交通安全性、养护水平及质量等。

(2)确定规划区域内道路绿地规划依据、规划指导思想、规划原则、规划目标。

(3)对规划区域内未达标的已建设道路绿化提出提升改造或扩建规划;规划布局城市园林景观路、林荫路、交通性景观干道、景观节点等;并对各类道路绿地进行植物选择、配置形式规划。

六、实验方法及步骤

(一)前期准备

查阅《城市道路绿化规划与设计规范》和《城市园林绿化评价标准实用手册》等资料,掌握道路断面形式、绿地率指标、道路绿地布局原则等相关知识;查阅规划区域所在城市的气候、土壤、植被特征;根据城市总体规划查阅规划区域在城市总体规划中的区位、功能定位以及与周边区域的交通关系;并在卫星影像图和规划总图上标注道路名称。设计调查表格。

(二)实地调查

以规划区域的地形图和用地规划总图为依据,借助卫星影像图实地调查,调查内容为道路名称、道路形式、道路宽度、主要植物种类、生长势、病虫害及植物配置形式等,实测道路绿带宽度;拍摄照片。

(三)道路绿地规划

(1)整理相关调查资料,分析城市道路绿地特色、在 AutoCAD 里测量各条道路绿地面积,计算道路绿地率及绿化覆盖率,分析达标情况,确定道路绿地规划依据、规划指导思想、规划原则、规划目标。

(2)对规划区域内绿地率、绿化覆盖率及绿化质量未达标的已建设道路绿地提出提升改造、扩建等建议。

(3)根据城市道路功能、等级以及其所处区位,规划布局城市园林景观路、主干道、次干道、支路,确定各类道路的绿地率指标、每条道路特色植物及植物配置形式。园林景观路绿地率不小于 40%;红线宽度大于 50 m 的道路绿地率不小于 30%;红线宽度在 40~50 m 的道路绿地率不小于 25%;红线宽度大于 12 m 小于 40 m 的道路绿地率不小于 20%;同时满足种植乔木的分车绿带宽度不小于 1.5 m;主干路上的分车绿带宽度不宜小于 2.5 m;行道树绿带宽度不宜小于 1.5 m;主、次干路中间分车绿带和交通岛绿地不得布置成开放式的绿地;路侧绿带宜与相邻的道路红线外侧的其他绿地相结合;人行道毗邻商业建筑的路段,路侧绿带可与行道树绿带合并;路侧绿带宽度大于 8 m 时,可设计成开放式绿地;开放式绿地中,绿地面积不小于总面积的 70%。在此基础上对各形式的道路绿地进行植物选择、配置形式规划,植物配置时考虑突出城市气候、植物文化特色和城市片区定位特色。

(四)总结规划实践的感悟

认真思考在本次规划实践中学到的工作方法、规律以及领悟到的道理、心得等。

七、实验报告及编写要求

(一)文字要求

(1)完成约 3 000 字的说明书,其中规划区域概况及现状分析的内容不超过 1 000 字。

(2)规划说明书应包括城市道路绿化规划依据、规划指导思想、规划原则、规划目标、道路绿地规划布局、各种形式的道路绿地规划要点、植物选择及配置形式规划。

(二)规划图纸要求

(1)以城市用地规划图为基础图纸,应用 AutoCAD 和 Adobe Photoshop 软件绘制规划区域内道路绿地率规划图,在图内简要文字说明,并标注比例尺、风玫瑰及图例等。

(2)以城市用地规划图为基础图纸,应用 AutoCAD 和 Adobe Photoshop 软件绘制规划区域内道路附属绿地率 A3 规划图,在图内标注图例、比例尺及风玫瑰。

八、思考问题

(1)在城市道路绿地规划中如何才能达到既保证交通的安全性,又能兼顾景观效果?

(2)在城市道路绿地规划中如何才能既保证道路交通的最大通行力,又确保道路绿地率和绿化覆盖率达标?

附表 4-1　城市道路附属绿地现状调查表

序号	道路名称	道路断面形式	道路宽度/m	道路长度或起止点/m	绿化带宽度/m	乔木冠幅/m	道路两旁有行道树的长度及起止点（若单边需注明）/m	有树池的行道树的起止点及树池面积	应用植物（植物生长状况（1.优;2.良;3.中;4.差）	符合林荫路标准的长度起止点(m)(并注明单边或双边)	改造意见（写出可增加的植物种类（乔、灌、草））	可增加的绿地面积/m^2	病虫害	养护情况（好、中、差）	节约型绿地面积、节约型技术	草图备注	照片编号
1																	
2																	
3																	
4																	
5																	
6																	
7																	
8																	
9																	
10																	
11																	
12																	
13																	
14																	
15																	
合计																	

实验五　城市居住绿地规划

一、实验目的和意义

居住绿地,包括居住区、居住小区、居住组团、居住街坊等范围内的绿地。居住绿地是城市绿地的重要组成部分,与人们的生活联系最为密切。其数量的多少,质量的高低,布局的合理性等都会对人们的生活产生直接的影响。居住绿地规划建设是提高人们生活水平、改善生活环境质量及促进人们身心健康的重要保障。

通过实地调查,充分考虑经济、社会、自然、城市建设等实际情况,依据城市的总体发展要求,进行居住绿地规划。本着充分利用现状条件、考虑居民使用要求,统一规划,合理组织,分级布置,形成系统;发挥植物在卫生防护、改善环境的生态功能,形成景观特色的原则下,科学合理规划居住绿地。科学设置绿地指标,形成能够有效改善居住区生态环境、赏心悦目富有特色的视觉空间和怡人的生活环境。

通过实验使学生对居住绿地在城市建设中的重要作用有较为清晰的认识。进一步理解和掌握城市居住绿地的相关概念、主要组成类型。掌握城市居住绿地现状调查、分析的方法;掌握城市建设用地中不同类型居住用地的附属绿地规划和植物选择的原则、内容。

二、分组要求

3 人一组共同完成现状调查与分析,每人独立完成规划内容及规划图。

三、实验仪器、用具

(1)实验仪器用具:安装有 AutoCAD 制图软件、Adobe Photoshop 等软件的电脑。

(2)实地调查需带的用具和资料:相机、卫星影像图、用地规划总图、钢卷尺、软尺、记录表格、记录笔等。

（3）由教师提供规划区域的地形图和用地规划总图，学生自己从网上下载规划区域的高清卫星影像图。

四、基础知识

（1）了解居住绿地的服务对象及使用需求。

（2）了解目前国内居住绿地规划建设方面的相关标准、规范，了解居住绿地分类、各类居住绿地的功能、植物选择等相关基础知识。

（3）掌握居住绿地规划布局原则、居住绿地的规划要点。

（4）兼具防护功能与观赏价值的园林植物种类、居住绿地植物选择与配置的原则。

五、实验内容

在城市规划中，居住用地指住宅和相应服务设施的用地。居住用地根据《城市用地分类与规划建设用地标准》GB 50137—2011 国家标准可分为三类：一类居住用地：设施齐全、环境良好，以低层住宅为主的用地。在规划图纸中用字母 R1 表示。二类居住用地：设施较齐全、环境良好，以多、中、高层住宅为主的用地。在规划图纸中用字母 R2 表示。三类居住用地：设施较欠缺、环境较差，以需要加以改造的简陋住宅为主的用地，包括危房、棚户区、临时住宅等用地。在规划图纸中用字母 R3 表示。

城市居住绿地主要是服务于该居住用地范围内的居民，并结合周边的用地状况，按照绿地服务半径、人口密度、交通等要求，规划出符合城市居住用地功能和生态需求的居住绿地。具体内容如下：

（一）现状调查与分析

通过实地调查，查看城市居住用地的分布位置，居住用地现状位置及规划布局的规模，规划的居住用地类别。

（二）确定规划依据、规划目标

依据城市总体规划各片区的功能定位，居住用地的类别、城市防灾减灾总体要求等，确定相应地块的绿地率、绿化覆盖率、植物种类、乡土树种使用比例、景观风格等规划指标。

（三）植物规划

按照不同居住用地类型，分析绿地功能需要进行不同类型居住绿地的植物景观风貌定位；确定主要植物选择，规划不同类型居住用地的基调树种、骨干树种和特色树种。

六、实验方法与步骤

（一）前期准备

（1）查阅相关资料、掌握规划必备的基础知识；下载规划区域的高清卫星影像图，在图上标注指北针、主要道路、单位名称、地标建筑名称，结合教师提供的用地规划图，了解规划范围内的地形，分析《城市总体规划》中该区域规划人口数量，明确各类居住绿地的规划指标要求和风貌特色等情况。

（2）准备现状调查表格和调查用具，调查表格可参考附表 5-1。

（二）实地调查

对照卫星影像图和用地规划图沿道路并深入居住用地内部进行普查，规划范围内的每个地块都需调查到，具体如下：

（1）现状居住用地的占地范围，居住用地范围内的绿地面积、绿化覆盖面积、植物种类、数量、生长状况、植物配置形式、存在问题、可增加的附属绿地面积；并对代表性的内容拍照记录。

（2）完成用地现状图中规划的居住用地位置、类型的确定。

（3）居住绿地周边现状用地类型及规划用地类型。

（三）资料整理分析、规划构思

（1）统计分析城市各类居住用地附属绿地现状，对现状绿地中的绿地率、绿化覆盖率、植物配置、季相景观变化、生长状况进行描述，对各类居住用地附属绿地做出评价，提出改造建议。

（2）对实地调查的资料进行整理分析，确定城市的不同类型居住绿地布局的框架。

（3）应用 CAD 软件测算居住绿地面积是否满足建设部颁布的行业标准《居住区规划设计规范》中规定：新建居住用地中绿地率不低于 30%，旧区改造中不低于 25%，居住小区公共绿地应不少于 1 m^2/人，居住区应不少于 1.5 m^2/人。

(四)规划说明书编制与规划图绘制

(1)主要内容包括规划依据、规划思想、规划原则、规划期限、规划目标、城市居住绿地规划布局、绿地率规划、植物规划等。

(2)绘制城市居住绿地率规划图。

(五)总结规划实践的感悟

认真思考在本规划实践中学到的工作方法、规律以及领悟到的道理、心得等。

七、需提交的规划成果要求

(一)文字要求

(1)完成约3 000字的说明书,其中研究地概况及现状分析的内容不超过1 000字。

(2)说明书内容应包括规划依据、规划思想、规划范围、规划目标、规划指标、分类规划、植物规划。

(3)分类规划按现状居住绿地改造和新建居住绿地规划进行。

(4)植物规划应结合当地气候、土壤、场地小环境等因素,选择生长健壮、少病虫害、观赏价值高、兼具园林植物的保健作用,以及符合当地居民习俗和文化需求、有地方特色的树种,以表格形式列出植物中文学名、拉丁学名、生态习性、观赏特征。

(5)实验感悟:阐述在本规划实践中感悟到的方法、规律、道理、心得等。

(二)图纸要求

完成A3居住绿地规划图一张,要求制图规范、图面简洁明了,图例清晰、功能布局合理。(注:制图规范见附件)

八、重点思考的问题

(1)请阐述居住绿地的植物选择要点。

(2)如何确定不同居住绿地的绿地率规划指标?

(3)如何充分发挥居住绿地的综合功能?

附表 5-1　城市居住绿地现状调查表

序号	居住小区名称	是否2002年及以后新建、改建	绿地面积/m²	绿化覆盖面积/m²	绿地率/%	绿化覆盖率/%	应用植物生长状况(优、良、中、差);是否有立体绿化	可增加的种类(乔、灌、草)	可增加的绿地面积/m²	病虫害	养护情况(好、中差)	照片编号
1												
2												
3												
4												
5												
6												
7												
8												
9												
10												
11												
12												
13												
14												
15												
16												
17												
18												
19												
20												
21												
22												
合计												

实验六　城市工业绿地规划

一、实验目的和意义

城市工业绿地指在城市工矿企业用地范围内的绿地。城市工业绿地是城市绿化的重要组成部分，是改善城市环境质量、美化城市的关键环节，尤其是在工业城市中，工业绿地对城市的总体绿化水平有较大的影响。应从城市全局出发，布局好城市工业绿地与其他绿地的关系和位置。科学地选择抗污树种，提高绿化水平，使工厂花园化，从而提高整个城市的环境质量。

城市工业绿地规划建设目的是不影响生产的前提下，通过绿地规划建设尽可能减少污染，改善生态环境，改善工作环境条件。工业绿地植物选择要针对污染源，选择抗污树种为主，选择少量对某种或某类污染敏感的指示植物，作污染超标的指示。

通过本项规划实践，明确城市工业绿地规划对城市建设的重要意义，掌握城市工业绿地现状调查、分析的方法；掌握工业用地内道路绿地、休憩和装饰性绿地、具防护功能的绿地等的布局要求、植物的选择和配置形式，掌握相关指标计算等知识。

二、分组要求

3 人一组共同完成现状调查与分析，每人独立完成规划内容及规划图。

三、实验仪器、用具

(1)实验仪器用具：安装有 AutoCAD 制图软件、Adobe Photoshop 等软件的电脑。

(2)实地调查需带的用具和资料：相机、卫星影像图、用地规划总图、钢卷尺、软尺、记录表格、记录笔等。

(3)由教师提供规划区域的地形图和用地规划总图，学生自己从网上下载规划区域的高清卫星影像图。

四、基础知识

(1)了解目前国内外有关城市工业绿地规划建设方面的相关标准、规范。

(2)掌握工业绿地分类、工业绿地规划的特殊要求等相关基础知识。

(3)掌握工业绿地规划布局原则和依据,植物选择原则。

(4)在树种及种植形式上具备根据不同生产性质和卫生条件的工厂环境条件做出不同选择的能力。

五、实验内容

在城市规划中,工业用地指工矿企业的生产车间、库房及其附属设施用地,包括专用铁路、码头和附属道路、停车场等用地,不包括露天矿用地。根据《城市用地分类与规划建设用地标准》GB 50137—2011 国家标准,工业用地可分为三类:一类工业用地是指对居住和公共设施等环境基本无干扰、污染和安全隐患的工业用地,如电子工业、缝纫工业、工艺品制造工业等用地。在规划图纸中用字母 M1 表示。二类工业用地是指对居住和公共设施等环境有一定干扰、污染和安全隐患的工业用地,如食品工业、医药制造工业、纺织工业等用地。在规划图纸中用字母 M2 表示。三类工业用地是指对居住和公共设施等环境有严重干扰、污染和安全隐患的工业用地,如采掘工业、冶金工业、大中型机械制造工业、化学工业、造纸工业、制革工业、建材工业等用地。在规划图纸中用字母 M3 表示。

城市工业绿地主要是在不影响工业生产的前提下,通过合理的绿地规划,尽可能减少污染,改善生态环境和工作环境。结合工矿企业所属的工业用地类型,厂区面积大小、生产分区、干扰和污染的状况,进行附属绿地的相关指标计算、树种规划。具体内容如下:

(1)现状调查与分析。在给定的城市或城市片区,通过实地调查,确认城市工业用地的分布位置,工业用地的主要产业类型。调查厂区现状植物种类,植物生长状况,分析植物与厂区干扰污染现状(如:粉尘、有害气体、安全隔离间距等方面)的适应情况。

(2)确定规划依据、规划目标、规划指标。依据城市总体规划以及城市工业用地总体要求,确定相应的规划目标和规划指标。

(3)城市工矿企业内部防护功能绿地的布局位置和可选树种推荐。

(4)根据现状调查,确定城市内部不同类型的工业绿地的风貌特色。

(5)植物规划。结合城市各类工业的主要污染源,提出各类工业用地内部工厂各生产区、办公区、生活区的植物规划。

六、实验方法与步骤

(一)前期准备

(1)查阅相关资料、掌握规划必备的基础知识;下载规划范围及周边区域的高清卫星影像图,在图上标注指北针、主要道路、建筑名称,结合教师提供的用地规划图,了解规划范围内的地形,分析《城市总体规划》中该区域的规划用地情况、工业用地类型、主要污染源,明确工厂中绿地的布局情况。

(2)准备现状调查表格和调查用具,调查表格可参考附表6-1。

(二)实地调查

对照卫星影像图和用地规划图进行调查,具体如下:

(1)调查指定城市的建成区内工矿企业的类型,标注其工业用地的类型。

(2)对各类工业用地的附属绿地现状进行调查,收集现状植物及生长情况信息。

(3)对规划为工业用地的各地块实地核查地形地貌、植被、周边用地及交通等。

(三)资料整理分析、规划构思

(1)对实地调查的资料进行整理分析,比较城市不同类型工业用地中的绿地布局的框架,梳理现状可保留及保留但需要改造或需改扩建的工业绿地。

(2)应用CAD软件测算工厂绿地率是否满足不高于20%,并根据实际情况做适当的调整建议。

(四)规划说明书编制与规划图绘制

(1)主要规划内容包括规划依据、规划思想、规划期限、规划目标、植物选择、绿地率规划、不同类型工业用地绿地布局模式等。

(2)城市工业绿地率规划总图,工业用地附属绿地树种选择示意图。

(五)总结规划实践的感悟

认真思考在本规划实践中学到工作方法、规律以及领悟到的道理、心得等。

七、需提交的规划成果要求

(一)文字要求

(1)完成约 2 000 字的说明书,其中研究地概况及现状分析的内容不超过 800 字。

(2)说明书内容应包括规划依据、规划范围、规划期限、规划目标、规划指标、分类规划、植物规划。

(3)分类规划按一类工业用地绿地、二类工业用地绿地、三类工业用地绿地进行规划布局。

(4)植物选择与推荐应结合当地气候、土壤、场地小环境等因素,选择兼具防污、易于繁殖、便于管理的园林植物 15 种,以表格形式列出植物中文学名、拉丁学名、生态习性、功能、观赏特征。

(5)实验感悟:阐述在本规划实践中感悟到的方法、规律、道理、心得等。

(二)图纸要求

完成 A3 城市工业附属绿地率规划图一张,主要树种规划示意图一张(列出 6～8 种树种照片)。要求制图规范,图面简洁明了,图例清晰。

八、重点思考的问题

(1)工业绿地规划的特殊要求有哪些?

(2)工业绿地规划中的植物选择应注意哪些问题?

(3)不同类型的工业用地对附属绿地规划的要求有何不同?

附表 6-1　城市工业绿地现状调查表

序号	名称、地点位置	用地现状	用地规划中工业用地的规划布局	周边现状用地性质及规划用地性质	周边道路现状	工业绿地现状植物种类、数量	植物生长状况分级	照片编号
1								
2								
3								
4								
5								
6								
7								
8								
9								
10								
11								
12								
13								
14								
15								
16								
17								
18								
19								
20								
21								
22								
合计								

实验七　城市防护绿地规划

一、实验目的和意义

城市化过程中，人类对于自然生态的干扰越来越严重，使自然界生态平衡受到破坏，形成了一系列负面效应，如：热岛效应、温室效应、光化学烟雾等。城市防护绿地虽然不能彻底改变这些不利因素，但可在一定程度上减少自然灾害和负面效应对人类造成的伤害，对改善城市生态环境安全有重要意义。

通过现状调查，了解城市防护绿地现状，分析现状防护绿地布局是否科学合理，存在哪些问题。在充分考虑经济、社会、自然、城市建设等实际情况的基础上，依据城市总体规划的要求，确定相应的防护绿地规划建设指标。科学合理地规划城市防护绿地体系，包括：生态防护绿地、水源防护绿地、卫生防护绿地、道路防护绿地、高压防护绿地、城市防风林等。

通过本规划的实践，明确防护绿地规划建设对城市安全和持续发展的重要意义，掌握城市防护绿地现状调查、分析的方法；掌握城市防护绿地体系和植物规划的原则、内容等知识。

二、分组要求

3 人一组共同完成现状调查与分析，每人独立完成规划内容及规划图。

三、实验仪器、用具

（1）实验仪器用具：安装有 AutoCAD 制图软件、Adobe Photoshop 等软件的电脑。

（2）实地调查需带的用具和资料：相机、卫星影像图、用地规划总图、钢卷尺、软尺、记录表格、记录笔等。

(3)由教师提供规划区域的地形图和用地规划总图,学生自己从网上下载规划区域的高清卫星影像图。

四、基础知识

(1)了解城市主要污染源、污染区域、污染程度。

(2)了解防护绿地相关规范、标准,了解城市防护绿地体系中各类防护绿地的分类和功能。

(3)掌握防护绿地规划的指导思想和原则。

五、实验内容

按照城市总体规划对城市中卫生、隔离和需要安全防护的用地进行防护绿地规划,建立城市防护绿地体系,包括卫生隔离绿带、道路防护绿地、城市高压走廊绿带、防风林、城市组团隔离带等。具体内容如下:

(一)现状调查与分析

(1)利用现行总规中的用地规划图和卫星影像图,对城市防护绿地的类型、位置、面积、主要应用植物种类、数量等进行调查和测量。通过实地调查,结合城市实际情况,分析防护绿地建设的现状和存在问题。

(2)按现行总规中的用地规划图,实地考察规划的工业用地及其他可能产生的污染源的位置、地形、地表覆盖物、周边规划用地等。

(二)城市防护绿地规划

依据城市特点,重点规划建设卫生隔离带、道路防护绿地、城市高压走廊绿带、防风林、城市组团隔离带、水源防护绿地等,营造生态和谐、环境优美的城市环境。依据城市总体规划等要求,确定相应的防护绿地规划指标和要求。

六、实验方法与步骤

(一)前期准备

(1)查阅相关资料、掌握规划必备的基础知识;下载规划范围及周边区域的高清卫星影像图,在图上标注指北针、主要道路、河流、传染病医院、工厂、高压变电站、污水处理厂、加油站、地标建筑名称，结合教师提供的用地规划图，了解规划范围内的地形，分析《城市总体规划》中该区域的规划用地情况，明确需要规划的防护绿地类型。

(2)准备现状调查表格和调查用具：调查表格可参考附表7-1和附表7-2。

(二)现状调查

对照卫星影像图和总规中的用地规划图进行普查，规划范围内的每个地块都需调查到。

(1)目测及工具测量规划区范围内连接规划区内外的道路的位置、宽度、长度，现状有绿地面积、植物种类及生长情况。

(2)测量和记录规划区范围内河流的位置、宽度、长度、现状绿地面积、植物种类及生长情况。

(3)规划区范围内用地现状中的水库、传染病医院、工厂、高压变电站、污水处理厂、加油站、易燃易爆仓库、城市面山的位置、绿地面积、植物种类及生长情况。

(4)以上地块周边现状用地类型及规划用地类型；对每块用地内部情况及周边情况进行拍照，并在调查表上登记相应的照片号。

(三)资料整理分析、规划构思

(1)对实地调查的资料进行整理分析，确定防护绿地体系的框架、梳理现状需要保留的防护绿地，总规中规划的各类型防护绿地，统计以上所有类型防护绿地面积，根据总规分析是否能满足城市卫生、隔离和安全防护的功能。

(2)生态防护绿地：主要为河流防护林，对生态农业区的保护。

(3)水源防护绿地：包括水库防护林的建设和河道防护林的建设。

(4)卫生防护绿地：对有污染的工业区易燃、易爆场地或传染病医院，通过防护林的建设将其与城市其他功能区进行隔离。

(5)过境道路防护绿地：穿过规划区的道路、铁路、航线周边的防护绿地。

(6)高压防护绿地，即城市高压走廊下设置的防护绿地。

(7)城市防风林：即在城市的主导风向入口处设置林带作防风之用。

(8)城市组团隔离带：为使城市各个组团避免相互干扰，而在组团间设隔离带。城市组团隔离带在空间上划分城市各个区，成为各个功能区的边界，起到隔离作用。

(四)规划说明书编制与规划图绘制

(1)主要规划内容包括规划依据、规划期限、规划目标、重点规划的防护绿地树种规划、防护绿地结构布局规划等。

(2)绘制防护绿地规划图,规划图要表达内容包括规划的生态防护绿地、水源防护绿地、卫生防护绿地、道路防护绿地、城市防风林、城市组团绿化隔离带等。

(五)总结规划实践的感悟

认真思考在本规划实践中学到的工作方法、规律以及领悟到的道理、心得等。

七、需提交的规划成果要求

(一)文字要求

(1)完成约 2 500 字的说明书,其中规划区概况及现状分析的内容不超过 800 字。

(2)说明书内容应包括规划依据、规划范围、规划目标、规划指标规划、分类规划、分期规划。

(3)分类规划按生态防护绿地、水源防护绿地、卫生防护绿地、道路防护绿地、城市防风林、城市组团绿化隔离带等进行规划。

(二)图纸要求

完成 A3 防护绿地规划总图一张,要求制图规范、图面简洁明了、图例清晰、防护绿地能满足城市生态安全防护功能。(注:制图规范见附件二)

八、重点思考的问题

(1)防护绿地规划的目的是什么?

(2)城市防护绿地现状调查中应如何区分防护绿地与其他绿地?

附表 7-1　防护绿地现状调查表

序号	名称	占地面积/m^2	位置	主要植物种类	照片编号
1					
2					
3					
4					
5					
6					
7					
8					
9					
10					
11					
12					
13					
14					
15					
16					
17					
18					
19					
20					
21					
22					
23					
24					
合计					

附表 7-2　防护绿地规划表

序号	规划名称	占地面积/m^2	位置	规划期限
1				
2				
3				
4				
5				
6				
7				
8				
9				
10				
11				
12				
13				
14				
15				
16				
17				
18				
19				
20				
21				
22				
23				
24				
合计				

实验八　城市其他绿地规划

一、实验目的和意义

其他绿地均位于城市建设用地规划区之外，不参与城市绿地相关指标的计算，但对城市生态环境质量、居民休闲生活、城市景观和生物多样性保护有直接影响，其他绿地是城市绿色生态大背景，主要功能是改善城市生态环境，促进城市美学价值、社会效益的提升。

通过现状调查，分析现状其他绿地分布是否科学合理，存在何种问题。在现状调查基础上科学合理地规划城市其他绿地，掌握规划其他绿地应突出城市与自然的过渡功能和生态功能的原因。

通过本规划的实践，明确其他绿地规划对改善城市生态环境的重要意义，掌握城市其他绿地现状调查、统计分析的方法；掌握城市其他绿地规划的原则、内容等知识。

二、分组要求

3 人一组共同完成现状调查与分析，每人独立完成各自的规划内容及规划图，独立提交规划成果。

三、实验仪器、用具

（1）实验仪器用具：安装有 AutoCAD 制图软件、Adobe Photoshop 等软件的电脑。

（2）实地调查需带的用具和资料：相机、卫星影像图、用地规划总图、钢卷尺、软尺、记录表格、记录笔等。

（3）由教师提供规划区域的地形图和用地规划总图，学生自己从网上下载规划区域的高清卫星影像图。

四、基础知识

(1)了解其他绿地规划相关规范、标准,了解其他绿地各类绿地的分类和功能。

(2)掌握其他绿地规划的原则及内容。

五、实验内容

按照城市总体规划对规划控制范围内规划建设用地以外的对改善城市生态环境有重要作用的绿地进行规划。分别对风景名胜区、水源保护区、郊野公园、森林公园、自然保护区、风景林地、城市组团绿化隔离带、野生动植物园、湿地、水库、垃圾填埋场恢复绿地等进行规划。具体如下:

(一)现状调查与分析

利用现行总规中的用地规划图和卫星影像图,对城市其他绿地现状的类型、位置、面积、植物种类,植被类型等进行调查和测量。通过实地调查,结合城市实际情况,分析其他绿地建设的现状和存在问题。

(二)城市其他绿地规划

依据规划原则和目标,分别对风景名胜区、水源保护区、郊野公园、森林公园、自然保护区、风景林地、城市组团绿化隔离带、野生动植物园、湿地、水库、垃圾填埋场恢复绿地等其他绿地进行控制性规划。

六、实验方法与步骤

(一)前期准备

(1)查阅相关资料、掌握规划必备的基础知识;下载规划范围及周边区域的高清卫星影像图,在图上标注指北针、主要道路、规划范围内的风景名胜区、水源保护区、郊野公园、森林公园、自然保护区、风景林地、城市组团绿化隔离带、野生动植物园、湿地、水库、垃圾填埋场恢复绿地、高压走廊防护林带(控制范围内建成区以外)、地标建筑名称,结合教师提供的用地规划图,了解规划范围内的地形,分析《城市总体规划》中该区域的城市定位、风景旅游规划、城市绿地规划,明确需要规划哪些类型的其他绿地。

(2)准备现状调查表格和调查用具,调查表格可参考附表 8-1 和附表 8-2。

(二)现状调查

对照卫星影像图和用地规划图进行普查,规划范围内的每个地块都需调查到,具体调查内容如下:

(1)规划控制区范围内建设用地以外主要道路的位置、宽度、长度、现状有绿地面积、植物种类及生长情况。

(2)规划控制区范围内建设用地以外的河流的位置、宽度、长度、现状有绿地面积、植物种类及生长情况。

(3)规划控制区范围内建设用地以外用地现状中的水库、风景名胜区、水源保护区、郊野公园、森林公园、自然保护区、风景林地、城市组团绿化隔离带、野生动植物园、湿地、水库、垃圾填埋场恢复绿地、高压走廊防护林带的现状位置、绿地面积、植物种类及生长情况。

(4)以上地块周边现状用地类型及规划用地类型;对每块用地内部情况及周边情况进行拍照,并在调查表上登记相应的照片号。

(三)资料整理分析、规划构思

对实地调查的资料进行整理分析,梳理其他绿地现状,确定其他绿地规划框架,统计以上所有类型其他绿地面积,根据将城市绿地进行延伸,规划控制区范围内的风景林地、大面积森林、经济林、河湖水域、防护林带、山体丘陵、农田林场等结合,形成完整的区域绿地景观大背景和完善的城市森林生态系统,实现城市绿地景观体系与外围生态环境的高度融合与统一的原则,围绕城市特色、城市定位编制规划。

(四)规划说明书编制与规划图绘制

主要规划内容包括规划依据、规划期限、规划目标、其他绿地的布局和分类规划。

绘制其他绿地规划图,规划图信息包括规划的水库、湖泊防护绿地、风景名胜区、水源保护区、郊野公园、森林公园、自然保护区、风景林地、城市组团绿化隔离带、野生动植物园、湿地、水库、垃圾填埋场恢复绿地、高压走廊防护林带等。

(五)总结规划实践的感悟

认真思考在本规划实践中学到的工作方法、规律以及领悟到的道理、心得等。

七、需提交的规划成果要求

(一)文字要求

(1)完成约2 000字的说明书,其中研究地概况及现状分析的内容不超过500字。

(2)说明书内容应包括规划依据、规划范围、规划目标、规划指标、分类规划、分期规划。

(3)分类规划按水库防护林、风景名胜区、水源保护区、郊野公园、森林公园、自然保护区、风景林地、城市组团绿化隔离带、野生动植物园、湿地、水库、垃圾填埋场恢复绿地、高压走廊防护林带等进行规划。

(二)图纸要求

完成A3其他绿地规划总图一张,要求制图规范、图面简洁明了,图例清晰。其他绿地能实现城市绿地景观体系与外围生态环境的高度融合与统一,形成城市的绿色生态大背景。

八、重点思考的问题

(1)阐述城市其他绿地与城市防护绿地的区别与联系。

(2)阐述规划其他绿地时应当重点规划的绿地类型及原因。

附表 8-1　其他绿地现状统计表

序号	名称	面积/hm^2	位置	植物种类	照片编号
1					
2					
3					
4					
5					
6					
7					
8					
9					
10					
11					
12					
13					
14					
15					
16					
17					
18					
19					
20					
21					
22					
23					
24					
合计					

附表 8-2　其他绿地规划统计表

序号	名称	面积/hm^2	建设期限	位置
1				
2				
3				
4				
5				
6				
7				
8				
9				
10				
11				
12				
13				
14				
15				
16				
17				
18				
19				
20				
21				
22				
23				
24				
合计				

实验九　城市绿地植物规划

一、实验目的和意义

植物尤其木本植物是构成城市绿地最基本的组成要素，将其与园林绿化设计理念进行有效的结合，构建生态化城市园林，使其在美化城市环境、提高空气质量、保持水土等方面发挥重要作用，从而使城市园林绿化生态、经济及社会效益均得以实现。因此，保证园林植物的选择和配置合理性，才能促进城市园林绿化可持续发展。

城市绿地植物规划依据植物分类学、城市园林生态学、植物群落学、风景美学等理论，根据城市所处地理环境、地形、地貌和各种特定的管理条件等因素以及城市的性质、发展规模、经济和文化的需要、历史传统和风尚习俗，进行调查分析和研究，科学地选择适宜的植物，用乔木、灌木、草本、藤本植物在城市空间进行绿地配置，以绿色植物的生态功能，有效地维护和提高城市生态平衡，保护和改善人民的生产和生活环境质量，满足城市绿地多功能的要求，丰富城市绿地植物群落景观，反映当地历史文化、地方和民族特色的园林植物，并指导当地园林苗圃生产的健康发展。

通过实验，明确植物规划对城市绿地建设和城市生态可持续发展的重要意义，掌握城市绿地植物现状调查、分析的方法；掌握植物规划的原则，掌握树种经济技术指标的确定，掌握基调、骨干树种、特色树种、一般树种等的规划和市树市花的推荐。

二、分组要求

3 人一组完成植物现状调查，每人独立完成现状植物分析与植物规划，独立提交规划成果。

三、实验仪器、用具

安装有 Office 办公软件等相关软件的工作电脑、相机、标本夹、记录表格、记录笔等。

四、基础知识

(1)了解植物分布与气候带及土壤的关系。

(2)掌握植物分类的基础知识,能鉴定常见的园林植物。

五、实验内容

(1)现状调查可与调查区域内的各类绿地的现状调查同步进行,在各类绿地现状调查表上填写植物信息,包括植物种名、数量、配置情况、景观效果、生长状况、病虫害、养护状况等(可参考附表9-1)。

(2)对调查资料进行统计分析,统计各科应用树种数量、各属应用树种数量、主要绿地植物应用广泛性(可参考附表9-2、表9-3和表9-4)。

(3)统计调查区域的树种经济技术指标:裸子与被子植物比例;针叶与阔叶植物比例;落叶与常绿植物比例;乔木与灌木植物比例;规划基调树种、骨干树种、特色树种、一般树种,推荐市(县)树市(县)花(附表9-5)。

六、实验方法与步骤

(一)前期准备

(1)提前查阅相关资料,了解当地的自然地理概况、气候条件、地带性植被中主要的代表性植物、民族植物文化、古树名木等概况。

(2)学生自己下载规划区域卫星影像图,以供实地调查时的路线指引;确定实地调查范围和调查路线,制作实地调查表。

(二)现场调查

(1)携带卫星影像图、调查表格、相机、记录笔、标本夹等工具进行实地调查。

(2)进行现场普查,按调查表的内容记录相关信息和数据,对于现场不能识别或难以确定的植物,则由调查人员采集标本、附上标签、拍摄照片,以便后期室内鉴定。

采集的过程中注意标本的完整性:采到的标本要求体态正常,由于昆虫和真菌的危害,有的植株茎叶残缺、皱缩、徒长以及产生虫瘿等现象,这些不正常的体态,只要有挑选的余地,应尽量避免采集。除了茎、叶、花、果以外,还应该具有根以及变态茎、变态根,对高大的草本及蔓生草本可将其剪成条段。采集标本还应注意以下几个方面:

①在同一时间、同一地点采集的同一种植物,不管多少份,都编同一号;同一时间不同

地点或不同时间同一地点采的同一种植物，都应编不同号。

②雌雄异株的植物，其雌株和雄株应编不同号。

③成段的草本植物标本，应分别拴上同号的号牌，以免遗漏。

④盛装种子花果等标本的纸袋，也应放入号牌，其号码应和该植物标本的号码相同。

⑤各项记录项目的填写方法。

号数：一定要跟标本号牌上的号码相同。

样地：要写明取样地点等。

环境：是指植物生长的场所，如林下、灌丛、水边、路旁、水中、平地、丘陵、山坡（阳坡、阴坡）、山顶、山谷等。

生活型：是指乔木、灌木、草本等。

茎的习性：是指直立茎、匍匐茎、缠绕茎、攀援茎等类型。

（三）资料整理分析

1.园林植物应用总体概况

区域内应用的所有园林植物的科、属、种数量。

按进化顺序分为：蕨类植物、裸子植物、被子植物。其科、属、种数量，以及各自所占的百分比。

按生长习性分为：乔木、灌木、草本、藤本。其科、属、种数量和各自所占的百分比，以及木本植物的常绿与落叶的数量与比例。

2.园林植物科属分析

（1）应用植物科的分析　应用的植物共计多少科；各科内应用种数分别为多少（按种数多少来排列），所占植物总种数的比例分别为多少；具有优势的科有哪些（应用种数越多优势越大），可参考附表9-2。

（2）应用植物属的分析　应用的植物共计多少属；各属中应用种数分别为多少（按种数多少来排列），所占植物总种数的比例分别为多少；具有优势的属有哪些（应用种数越多优势越大），可参考附表9-3。

3.园林植物应用广泛性及生长状况分析

统计同种植物在所有基本绿地单元中出现的次数，得出该种植物在建成区或区域内基本绿地单元的使用频度，可参考附表9-4。

4.园林植物观赏特性分析

分析观花植物、观果植物、色叶树种、香花植物、季相变化及其他特性。

5.乡土木本植物分析

统计分析乡土木本植物应用的种类、数量及生长状况。

(四)植物规划

具体规划方法详见配套教材《城乡绿地系统规划》。

1. 确定规划依据、指导思想、规划原则

2. 确定经济技术指标

(1)规划木本植物总数。

(2)裸子与被子树种比例。

(3)针叶与阔叶树种比例。

(4)常绿树种与落叶树种比例。

(5)乔木与灌木比例。

(6)乡土树种与外来树种比例。

(7)速生、中生、慢生树种比例。

3. 规划基调树种、骨干树种和一般树种

4. 规划特色树种

5. 推荐市(县)树市(县)花

七、需提交的规划成果

(一)文字要求

提交字数约 2 000 字的说明书。

(二)图纸要求

内容:基调树种规划图、骨干树种规划图、特色植物规划图、市(县)树市(县)花推荐图。

规格:A3 图幅。

方式:自行拍摄、电脑排版。

八、重点思考的问题

(1)为丰富城市绿化树种和提升景观效果,可引进哪些外来树种?

(2)引入外来植物应注意哪些事项,才能使其适应城市环境条件,在城市绿化中发挥应有的作用?

附表 9-1 植物现状调查表

序号	绿地名称	绿地类型	应用植物种类	景观效果	生长状况（优、良、中、差）	养护情况（优、良、中、差）	病虫危害	照片编号	备注
1									
2									
3									
4									
5									
6									
7									
8									
9									
10									
11									
12									
13									
14									
15									
16									
17									
18									
19									
20									
21									
22									
23									
合计									

附表 9-2　各科应用植物数量统计表

序号	科名	应用种数	所占比例/%
1			
2			
3			
4			
5			
6			
7			
8			
9			
10			
11			
12			
13			
14			
15			
16			
17			
18			
19			
20			
21			
22			
23			
24			
合计			

附表 9-3　各属应用植物数量统计表

序号	属名	应用种数	所占比例/%
1			
2			
3			
4			
5			
6			
7			
8			
9			
10			
11			
12			
13			
14			
15			
16			
17			
18			
19			
20			
21			
22			
23			
24			
合计			

表 9-4　主要绿化植物使用广泛性统计表

乔木(共______种)						
序号	树种	拉丁学名	出现次数	使用频度	生长状况	用途
1	桂花	*Osmanthus fragrans*	43	42.57%	良	香花树种、园景树
2						
合计						
灌木(共______种)						
1	红花檵木	*Lorpetalum chindense*	31	30.69%	良	绿篱、造型、色叶灌木
2						
草本(共______种)						
1	红花酢浆草	*Oxalis corymbosa*	9	8.91%	良	地被
2						
合计						
藤本(共______种)						
1	常春藤属	*Hedera*	10	9.90%	优	墙垣、棚架绿化
2						
合计						

附表 9-5　基调树种规划表

序号	树种名称	拉丁名	形态类型	观赏特性	是否乡土树种
1	香樟	*Cinnamomum camphora*	常绿阔叶乔木	观树形、观叶、观果	是
2					
3					
4					
5					
6					
7					
8					
9					
10					
11					
12					
13					
14					
15					
16					
17					
18					
19					
20					
21					
22					
23					
合计					

实验十　城市古树名木保护规划

一、实验目的和意义

树龄在百年以上的大树为古树。城市古树通常分两级：300 年以上树龄为一级，100～299 年树龄为二级。树种稀有、名贵或具有历史价值、纪念意义的树木称为名木。树龄 50～99 年的称为后备古树或古树后备资源。

古树名木作为绿色世界的寿星，是自然与人文历史交融并记下的时代缩影，同样也是大千世界里自然景观的瑰宝；古树名木既是自然变迁的“活化石”，生命科学的“活标本”，同时也是社会科学的“活文物”。我国现存的古树名木，已有千年历史的不在少数，它们历经沧桑，是中国自然资源中的宝贵遗产，也是人类文化熠熠生辉的宝藏，其老态龙钟却又生机盎然的姿态反映着民族文化的历史和发展的演变。珍惜、爱护古树名木是一个国家和地区文明的标志。古树名木对地理学、植物学、气候学、生态学、人类学、民族学、经济学、社会学、生态经济学、旅游学等学科具有重要的科学研究价值。同时古树名木也是进行爱国主义教育和社会精神文明建设的重要内容。

通过城市古树名木现状调查和保护规划实践，了解城市古树名木保护现状和管理水平，掌握古树名木保护规划的方法、步骤和规划内容。

二、分组要求

3 人一组共同完成现状调查与分析，每人独立完成规划内容及图纸，独立提交规划成果。

三、实验仪器、用具

(1)实验仪器用具：安装有 AutoCAD 制图软件、Adobe Photoshop 等软件的电脑。

(2)实地调查需带的用具和资料：数码相机、卫星影像图、用地规划总图、手持 GPS、软尺、树木测高仪、胸径尺、记录表格、记录笔等。

(3)由实验指导教师确定学校附近有 10 株以上古树名木的地块，如：公园、学校或单位等，学生自己从网上下载调查区域的高清卫星影像图。

四、基础知识

(1)了解所在城市的古树名木现状，包括种类、数量及保护现状等。

(2)了解不同国家和地区对古树名木的管理办法或规定以及保护技术措施等相关专业基础知识。

(3)掌握目前我国古树名木分类标准和国家对古树名木保护的要求。

(4)掌握各种古树名木测量仪器的使用方法。

五、实验内容

对指定的调查范围进行古树普查，按登记表要求的内容完成各项定量定性指标的调查和登记，调查完成后进行现状分析和保护规划。具体内容如下：

(1)现状调查与分析　通过实地调查，确定古树种类、所属的科属、树龄、是否国家或省级保护的珍稀濒危物种、古树名木保护级别，分析古树生长状况、生存环境、管理水平等，重点分析古树名木保护现状存在的主要问题。

(2)确定规划依据、规划目标、规划指标　依据城市绿地系统规划总体要求、现行的国家古树名木分类标准和城市古树名木保护管理办法或规定等，根据实际调查记录的古树名木及后备古树资源状况，确定相应的规划目标和指标。

(3)以文图形式列出调查记录到的每种古树名木及后备资源的识别特征、生态习性、分布、观赏特性、用途。

(4)完成单株古树及后备古树资源的生长状况、生境的描述，进行重点保护措施规划。

(5)完成古树群的生长状况、生境的描述，进行重点保护措施规划。

六、实验方法与步骤

(一)前期准备

(1)查阅相关资料，掌握规划必备的基础知识；下载调查范围及周边区域的高清卫星影像图，在图上标注指北针、主要道路、地标建筑名称，了解规划范围内的地形、交通等。

(2)准备现状调查表格和调查用具：调查表格可参考附表 10-1、附表 10-2、附表 10-3。

（二）实地调查

对照卫星影像图进行普查，具体如下：

（1）首先采用 GPS 测量树体所在位置的经度、纬度以及海拔高度，然后用树木测高仪、胸径尺、软尺等仪器工具对古树进行胸径、高度、冠幅的测量。

（2）将其根部、主干、树冠、生境、长势等相关状况进行详细的记录。

（3）将古树生长有关的东、西、南、北各个方位的建筑物，包括构筑物、道路堆放物以及所处的坡向、坡度等相关内容进行记录。

（4）记录人为及其他对古树名木的干扰情况。

（5）记录古树的伴生植物种类、数量；记录土壤状况。

（6）与当地年长者或管理人员访谈，记录访谈中获得的名木俗名、树龄以及历史传说故事等。

（三）资料整理分析

普查完成后对实地调查的资料进行整理分析，通过查阅资料、蜡叶标本对比鉴定，确定古树名木及后备资源的种类、数量、是否珍稀濒危物种、古树名木保护级别，分析古树生长状况、生存环境、管理水平等，重点分析古树名木保护现状存在的主要问题。

1. 以文字的形式列出调查记录到的每种古树名木及后备资源的以下信息

（1）识别特征　按种的生长习性、高度、分枝、树皮、叶、花、果、种子的顺序描述。

（2）生态习性　按对光、温、水、气及对土壤养分、水分、酸碱度等的要求顺序描述。

（3）分布　先写在中国的分布，后写在世界的分布。

（4）观赏特性　从整体观赏效果，局部观赏效果描述。

（5）用途　包括园林用途和其他如食用、药用、工业原料等用途。

（6）每个树种配全貌照片、花果照片 2～3 张。

2. 完成单株古树及后备资源、古树群或名木群的生长状况、生境等的描述

（1）生长状况　分为旺盛、良好、一般、较差、极差 5 级。

Ⅰ级：旺盛，树干无树洞，树冠完整，无病虫害，无明显枯枝折枝。

Ⅱ级：良好，枝干无树洞或树洞较小，树冠较为完整，无明显病虫害或有少量病虫害但无明显影响生长的状况，有少量枯枝折枝。

Ⅲ级：一般，树干树洞较大，树冠不太完整，有较大量病虫害且明显影响生长或有较大量的枯枝折枝。

Ⅳ级：较差，枝干树洞大，树冠极其不完整，有明显病虫害或有大量病虫害且已经明显地影响到树木的生长，有大量枯枝折枝。

Ⅴ级：极差，濒临死亡。

(2)生境的描述　记录并描述树冠 5 m 以内的四周情况，如遇位置较远，但影响到树体生长的建筑物(或构筑物)、障碍物、特殊地貌也应当一并记录描述。

(3)人为活动干扰情况　干扰程度分为以下五级。

A. 极频繁：干扰程度极大，每天受到干扰超过 8 h，如身处旅游景区中心地带、广场等。

B. 较频繁：干扰程度大，每日受干扰 6 h 左右，如处于一般性的公园、主要道路边。

C. 一般：干扰程度中等，每日受干扰超过 4 h 左右，如处于次要道路边、公园次要的位置。

D. 较少：干扰程度较小，每日受干扰 2 h 左右，处于较偏僻位置。

E. 极少：干扰程度极小，每日受干扰 1 h 以下，处于极其偏僻之处，几乎无干扰。

(四)重点保护措施规划

根据古树名木及后备资源的生长状况和生境，提出针对每一株古树名木及后备资源的保护管理措施，具体从挂古树保护牌，保护范围内的地上空间是否适合古树生长；保护范围内的土壤环境是否适合古树生长，需进行的水肥管理、树体修剪、支撑等日常管理和复壮技术措施等方面提出保护措施。

(五)规划说明书编制与古树名木现状分布图绘制

(1)主要规划内容包括规划依据、规划期限、规划目标、古树名木及后备资源调查结果与分析、古树名木及后备资源每个种的识别特征、生态习性、分布、观赏特性、用途等及重点保护措施规划。每个种配照片 2～3 张。

(2)绘制古树名木及后备资源现状分布图，在卫星影像图上按单株古树、古树后备资源、古树群三类用不同图例表示，并标出古树名木的编码。

(六)总结规划实践的感悟

认真思考在本规划实践中学到的工作方法、规律、经验教训以及领悟到的道理、心得等。

七、需提交的规划成果要求

(一)文字要求

(1)完成约 3 000 字的说明书，其中规划地概况及现状分析的内容不超过 1 000 字。

(2)说明书内容应包括规划依据、规划范围、规划目标、规划指标、调查结果与分析、单株古树名木及后备资源、古树群的生长状况、生境、保护措施规划，并附调查表格。

(3)实验感悟：阐述在本规划实践中感悟到的方法、规律、经验教训、道理、心得等。

(二)图纸要求

完成 A4 古树名木及后备资源现状分布图一张,要求制图规范、图面简洁明了,图例清晰。

八、重点思考的问题

(1)目前古树年龄确定的方法有哪些?在实际工作中应怎样科学确定古树的树龄?

(2)古树的复壮技术措施有哪些?

(3)古树保护的关键是什么?

附表 10-1　城市古树名木及其后备资源现状调查表

编号：××000　　　　　　　　　　　　　　　　　　　调查日期：_____年_____月_____日

树种名称					地点			
树龄		长势		冠幅/m	东西		南北	
胸径/cm		树高/m		经纬度	东经(E)			
地径/cm		海拔/m			北纬(N)			
详细生长状况	根部							
	主干							
	树冠							
生境								
四围环境情况	东							
	南							
	西							
	北							
土壤类型			土层厚度及含水量/(cm,%)				基岩类型	
土壤质地			人为活动干扰情况				坡度/°	
有机质含量/%			伴生植物盖度/%				坡向	
伴生植物名称及数量								
人类影响	人为活动引起土壤板结 各种污染恶化土壤理化性能				人为直接损害 工程建设影响(道路)			
其他影响								
保护现状					管护单位			
相关历史访谈								
备注								

注：编号：××000：××写城市名称第一个大学字母，后面000写古树编号。

附表 10-2　城市古树群调查表

××城市古树群现状调查表

编号:×× 群×(××-×××)　　　　调查日期:______年______月______日

<table>
<tr><td>主要树种</td><td colspan="3"></td><td colspan="3">地点</td><td colspan="3"></td></tr>
<tr><td>树龄范围</td><td></td><td>古树数量/株</td><td></td><td colspan="3">郁闭度/%</td><td colspan="3"></td></tr>
<tr><td>胸径/cm</td><td></td><td>树高/m</td><td></td><td rowspan="8">四至界限</td><td colspan="2" rowspan="2">东南</td><td>N</td><td colspan="2"></td></tr>
<tr><td>地径/cm</td><td></td><td>长势</td><td></td><td>E</td><td colspan="2"></td></tr>
<tr><td>占地面积/m²</td><td></td><td>海拔/m</td><td></td><td colspan="2" rowspan="2">东北</td><td>N</td><td colspan="2"></td></tr>
<tr><td rowspan="2">冠幅/m</td><td>东西</td><td colspan="2"></td><td>E</td><td colspan="2"></td></tr>
<tr><td>南北</td><td colspan="2"></td><td colspan="2" rowspan="2">西南</td><td>N</td><td colspan="2"></td></tr>
<tr><td rowspan="3">古树群基本生长状况</td><td>根部</td><td colspan="2"></td><td>E</td><td colspan="2"></td></tr>
<tr><td>主干</td><td colspan="2"></td><td colspan="2" rowspan="2">西北</td><td>N</td><td colspan="2"></td></tr>
<tr><td>树冠</td><td colspan="2"></td><td>E</td><td colspan="2"></td></tr>
<tr><td>生长环境</td><td colspan="9"></td></tr>
<tr><td rowspan="2">四围环境情况</td><td>东</td><td colspan="2"></td><td colspan="2">西</td><td colspan="4"></td></tr>
<tr><td>南</td><td colspan="2"></td><td colspan="2">北</td><td colspan="4"></td></tr>
<tr><td>土壤类型</td><td></td><td colspan="2">土壤含水量/%</td><td colspan="2"></td><td colspan="3">有机质含量/%</td><td></td></tr>
<tr><td>土壤质地</td><td></td><td colspan="2">人为活动干扰情况</td><td colspan="2"></td><td colspan="3">坡向</td><td></td></tr>
<tr><td>基岩类型</td><td></td><td colspan="2">伴生植物盖度/%</td><td colspan="2"></td><td colspan="3">坡度/°</td><td></td></tr>
<tr><td>伴生植物名称及数量</td><td colspan="9"></td></tr>
<tr><td>人类影响</td><td colspan="9">人为活动引起土壤板结(　　)　　人为直接损害(　　)
各种污染恶化土壤理化性能(　　)　　工程建设影响(　　)</td></tr>
<tr><td>其他影响</td><td colspan="9"></td></tr>
<tr><td>保护现状</td><td colspan="3"></td><td colspan="2">管护单位</td><td colspan="4"></td></tr>
<tr><td>相关历史访谈</td><td colspan="9"></td></tr>
<tr><td>备注</td><td colspan="9"></td></tr>
</table>

注:××古树群:××写城市名称的第一个字母。

群×:×写群号。

(××－×××):××－×××写古树编号几号到几号。

附表 10-3 古树群内每株古树及后备资源现状调查表

编号:群×(××): 调查日期:_____年_____月_____日

<table>
<tr><td>树种名称</td><td colspan="4"></td><td>地点</td><td colspan="3"></td></tr>
<tr><td>树龄</td><td></td><td>长势</td><td></td><td>冠幅/m</td><td>东西</td><td></td><td>南北</td><td></td></tr>
<tr><td>胸径/cm</td><td></td><td>树高/m</td><td></td><td rowspan="2">经纬度</td><td>东经(E)</td><td colspan="3"></td></tr>
<tr><td>地径/cm</td><td></td><td>海拔/m</td><td></td><td>北纬(N)</td><td colspan="3"></td></tr>
<tr><td rowspan="3">详细生长状况</td><td>根部</td><td colspan="7"></td></tr>
<tr><td>主干</td><td colspan="7"></td></tr>
<tr><td>树冠</td><td colspan="7"></td></tr>
<tr><td>生境</td><td colspan="8"></td></tr>
<tr><td rowspan="4">四围环境情况</td><td>东</td><td colspan="7"></td></tr>
<tr><td>南</td><td colspan="7"></td></tr>
<tr><td>西</td><td colspan="7"></td></tr>
<tr><td>北</td><td colspan="7"></td></tr>
</table>

注:编号:群×(××):群×写 群号,(XX)写古树编号。

实验十一　城市避灾绿地规划

一、实验目的和意义

我国是世界上遭受自然灾害较为严重的国家之一，随着城市化水平不断提高，城市建筑和人口密度高度集中，一旦发生重大灾害，人民群众的生命财产安全将受到严重威胁。城市避灾绿地的规划对增强城市防灾结构，提供必要疏散通道和避难空间，保护城市和城市居民生命财产安全具有重要的意义，是减轻灾情、提高城市综合抗灾避灾能力和完善城市绿地功能的一项重要内容，尤其在防止火灾发生、延缓火灾蔓延、临时避难急救、多功能分洪蓄洪、作为城市重建的据点等方面拥有其他类型的城市用地无法比拟的优势。

通过实地调查，充分考虑经济、社会、自然、城市建设等实际情况，依据城市防灾减灾总体要求，确定相应的避灾绿地规划建设指标。按照以人为本、因地制宜、合理布局、平灾结合的原则，科学设置固定防灾绿地、紧急避灾绿地、绿色疏散通道、隔离缓冲绿带，规划防灾避险综合能力强、各项功能完备的城市避灾绿地系统。

通过本规划的实践，明确避灾绿地规划建设对城市安全和持续发展的重要意义，掌握城市避灾绿地现状调查、分析的方法；掌握固定防灾绿地、紧急避灾绿地及疏散通道的布局、避灾绿地功能分区、避灾绿地设施规划和植物规划的原则、内容，掌握避灾人员容量的计算等知识。

二、分组要求

3 人一组共同完成现状调查与分析，每人独立完成规划内容及规划图，独立提交规划成果。

三、实验仪器、用具

(1)实验仪器用具：安装有 AutoCAD、Adobe Photoshop 等软件的电脑。

(2)实地调查需带的用具和资料：相机、卫星影像图、用地规划总图、钢卷尺、软尺、记录表格、记录笔等。

(3)由教师提供规划区域的地形图和用地规划总图,学生自行从网上下载规划区域的高清卫星影像图。

四、基础知识

(1)了解规划所在城市的地质结构稳定性、抗震设防烈度,历史上地震灾害发生情况,城市其他灾害,如:洪灾、火灾、山体滑坡、泥石流等发生情况等。

(2)了解目前国内避灾绿地规划建设方面的相关标准、规范,了解避灾绿地分类、各类避灾绿地的功能、避灾植物的分类等相关基础知识。

(3)掌握避灾绿地规划布局原则、避灾设施规划的依据。

(4)兼具避灾功能与观赏价值的园林植物种类,避灾绿地植物选择与配置的原则。

(5)避灾绿地各功能空间布局要点。

五、实验内容

按照避灾绿地服务半径、人口密度、交通等要求,规划布局紧急避灾绿地、固定防灾绿地、中心防灾绿地、绿色疏散通道。在城市外围、城市各功能区、城区之间、易发火源或加油站、粮油储备库、化工厂等危险设施周围设置缓冲隔离绿带。不具备安全性和防灾避险基本条件的城市绿地,以及需要特别保护的动物园、文物古迹密集区和历史名园等不应纳入避灾绿地体系。具体内容如下:

(1)通过实地调查,充分考虑经济、社会、自然、城市建设等实际情况,分析避灾绿地建设的现状和存在问题,量化分析各类避灾绿地的空间分布、避灾设施建设情况、避灾人口容量等。

(2)实地调查现行的城市绿地系统规划的公园绿地所处的地形,现行城市总体规划的周边用地及路网等作为避灾绿地的适宜性及适宜建设的避灾绿地类型以及其他避灾资源的场地现状,收集地质资料,分析场地的地质结构作为避灾绿地的适宜性。

(3)按照以人为本、因地制宜、合理布局、平灾结合的原则,科学设置中心防灾绿地、固定防灾绿地、紧急避灾绿地、其他避灾资源、绿色疏散通道、隔离缓冲绿带,规划防灾避险综合能力强、各项功能完备的城市避灾绿地系统。

(4)确定规划依据、规划目标、规划指标。依据城市总体规划、城市绿地系统规划以及城市防灾减灾总体要求,确定相应的规划目标和规划指标。

(5)完成中心防灾绿地、固定防灾绿地、紧急避灾绿地、疏散通道、缓冲隔离绿带的规划布局。

(6)中心防灾绿地、固定防灾绿地的功能分区。

(7)各类避灾绿地避灾设施规划。

(8)避灾植物规划:按防火植物、食用植物、抗倒伏植物、药用植物进行分类规划。

六、实验方法与步骤

(一)前期准备

(1)查阅相关资料、掌握规划必备的基础知识;下载规划范围及周边区域的高清卫星影像图,在图上标注指北针、主要道路、公园绿地、广场、小区、单位名称、地标建筑名称,结合教师提供的地形图和用地规划图,了解规划范围内的地形,分析城市总体规划中该区域的规划用地情况、规划人口规模,明确居住用地、公园绿地及城市广场用地的规划比例和布局情况。

(2)准备现状调查表格和调查用具:调查表格可参考附表11-1至附表11-3。

(二)实地调查

对照卫星影像图和用地规划图沿道路进行普查,规划范围内的每个地块都需调查到,具体如下:

(1)现状公园绿地、广场的位置、占地面积、现状有效避灾面积,用地规划总图中规划的公园绿地、广场的位置、占地面积、现状用地性质。

(2)以上地块周边现状用地类型及规划用地类型。

(3)现状道路名称、红线宽度、长度、道路绿地宽度、道路绿地植物种类、配置形式、生长状况、交通状况等,对每个公园绿地及广场内部情况及周边情况进行拍照,并在调查表上登记相应的照片号。

(4)根据现行的城市总体规划用地规划总图和绿地系统规划总图,实地调查现行城市绿地系统规划的公园绿地地形,总规规划的周边用地及路网等是否适宜作为避灾绿地建设,如果可行,适宜建设的避灾绿地类型等,并通过地质资料,分析场地的地质结构作为避灾绿地的适宜性。

(5)调查规划区内可作为其他避灾资源的场地现状,分析场地的地质结构作为避灾绿地的适宜性。

(三)资料整理分析、规划构思

(1)对实地调查的资料进行整理分析,确定避灾绿地布局的框架、梳理现状可保留及保留但需要改造的或需改扩建的公园绿地、广场、居住区或单位的开敞绿地空间,总规中规划可作为避灾绿地的绿地及广场,统计以上所有类型地块的占地面积和有效避灾面积,根据总规预测的人口,分析是否能满足紧急避灾所需面积。

(2)应用CAD软件测算紧急避灾绿地500m服务半径覆盖率,如果没有达到80%以上，对避灾绿地进行布局调整。

（3）分析中心防灾绿地、固定防灾绿地的占地面积和位置是否恰当，有效避灾面积按人均 4 m^2，是否能满足规划期末 80％的人口灾后恢复重建期间的基本生活。

（4）救灾通道布局：救灾通道是连接外界和中心防灾绿地、固定防灾绿地的通道，每个中心防灾绿地和固定防灾绿地必须与至少两条对外交通干道相连。

（5）避灾通道布局：避灾通道是灾害发生的第一时间通向紧急避灾绿地的通道，避灾通道仅供避灾人员避灾时步行使用，应选用城市支路或次干道。每个紧急避灾绿地必须与至少两条避灾通道相连。

（6）缓冲隔离绿带布局：在救灾通道的道路红线外侧、古城保护区以及易发火源（如加油站、粮油储备库、化工厂）等危险设施周围设置一定宽度的缓冲隔离绿带。

（四）规划说明书编制与规划图绘制

（1）主要规划内容包括规划依据、规划期限、规划目标、避灾绿地规划布局、避灾绿地分类规划、避灾绿地设施规划、避灾绿地植物规划。

（2）绘制避灾绿地规划图，规划图信息包括规划的中心防灾绿地、固定防灾绿地、紧急避灾绿地、救灾通道、避灾通道、缓冲隔离绿带。

（五）总结规划实践的感悟

认真思考在本规划实践中学到的工作方法、规律以及领悟到的道理、心得等。

七、需提交的规划成果要求

（一）文字要求

（1）完成不少于 2 000 字的说明书，其中研究地概况及现状分析的内容不超过 800 字。

（2）说明书内容应包括规划依据、规划范围、规划目标、规划指标、分类规划、避灾设施规划、避灾植物规划。

（3）分类规划按中心防灾绿地、固定防灾绿地、紧急避灾绿地、救灾通道、避灾通道、缓冲隔离绿带等进行规划。

（4）设施规划的类型和数量、规模根据避灾绿地功能和供避灾的人员数量计算。

（5）植物规划应结合当地气候、土壤、场地小环境等因素，选择兼具防火、抗倒伏、食用或药用等避灾功能的园林植物每类 10 种，以表格形式列出植物中文学名、拉丁学名、生态习性、避灾功能、观赏特征。

（6）实验感悟：阐述在本规划实践中感悟到的方法、规律、道理、心得等。

(二)图纸要求

完成A3避灾绿地规划总图一张，要求制图规范、图面简洁明了，图例清晰、避灾功能布局合理。(注:制图规范见附件二)

八、重点思考的问题

(1)应如何结合现状和建设用地规划合理布局各类避灾绿地?

(2)规划中如何确定避灾绿地的有效避灾面积与绿地总面积的比例?

(3)避灾植物的选择应注意哪些问题?

附表 11-1　城市避灾绿地规划实地调查表

序号	地点、绿地名称	现状或用地规划中的广场、公园绿地占地面积	现状有效避灾面积	是否有避灾标识牌	用地性质	周边现状用地性质及规划用地性质	周边建筑现状层数、质量、与绿地面积/m^2	周边道路现状	绿地植物种类、数量	植物生长状况	照片编号
1											
2											
3											
4											
5											
6											
7											
8											
9											
10											
11											
12											
13											
14											
15											
16											
17											
18											
19											
20											
21											
22											
合计											

附表 11-2　城市避灾绿地规划道路实地调查表

序号	道路全名称	断面形式	道路宽度/m	道路长度/m	行道树冠幅/m	绿化带宽度/m	绿化覆盖面积/m^2	应用植物种类	生长状况
1									
2									
3									
4									
5									
6									
7									
8									
9									
10									
11									
12									
13									
14									
15									
16									
17									
18									
19									
20									
21									
22									
合计									

附表 11-3　避灾绿地类型规划一览表

序号	避灾绿地名称	占地面积/hm^2	有效避难面积/hm^2	人均避难场所用地面积/m^2	可容纳人数/万人	公园类型	备注	建设期限
1								
2								
3								
4								
5								
6								
7								
8								
9								
10								
11								
12								
13								
14								
15								
16								
17								
18								
19								
20								
21								
22								
合计								

实习　某城市/县城/镇区/城市某片区的绿地系统规划实践

一、实习目的和意义

城乡绿地系统规划是实践性很强的课程，通过对所在城市或城市某片区、规模较小的县城、镇区或乡政府驻地规划区的绿地系统规划实践，旨在使学生对绿地系统规划的组织、规划方法、步骤、规划内容等有总体认识，全面掌握城乡绿地系统规划的方法、内容和规划技术，能结合城乡自然地理、社会经济发展水平、生态现状、山水空间格局、绿地建设现状等，因地制宜地确定规划指标体系，构建绿地系统，进行市域(县域或镇域)、规划区、建成区三个层次的分类规划和分期规划等内容的规划，为毕业后实际开展城乡绿地系统规划建设积累实战经验。

通过实践，能独立完成小型的绿地系统规划。

二、规划范围

完成学校附近城市一个组团、片区或某镇(乡)的镇区或乡镇府驻地规划区的绿地系统规划的说明书和图纸。

三、分组要求

6 人一组共同完成现状调查与分析，组内讨论，并分工完成规划的文字简本和初步规划图，每组共同完成汇报交流的演示文稿，并推荐一名组员在规划成果汇报讨论会上汇报规划成果。之后每人独立完成规划内容及规划图，独立提交规划成果。

四、时间安排

分组实地调查安排 1～2 天，每组 6 人，调查完成后按组在机房或实验室集中完成现状分析和规划的主要内容，时间为 2～4 天，同学讨论和提出修改建议，教师点评，并提出修改建议，个人完善，形成规划成果。15 天后提交成果。

五、实验仪器、用具、资料

(1)实验仪器用具：安装有 AutoCAD 制图软件、Adobe Photoshop 等软件的电脑。

(2)实地调查需带的用具和资料：相机、卫星影像图(1 张整体和多张局部)、用地规划总图、钢卷尺、软尺、记录表格、记录笔等。

(3)由教师提供规划区域的地形图和用地规划总图，学生自行从网上下载规划区域的高清卫星影像图。

六、基础知识

(1)了解规划地城市概况，包括自然条件资料、经济与社会条件、城市建设现状资料、环境保护相关资料、城市历史与文化资料等。

(2)城市绿化现状，包括绿地及相关用地资料、园林植物、动物资料等。

(3)研读总体规划，掌握总规对规划地的定位、发展方向，规划建设用地及预测的人口规模等，把握总体规划中对绿地系统及景观风貌的规划要求。

(4)掌握城乡绿地系统规划的基本理论、方法和技能。

七、实习内容

按照城市总体规划对规划地的定位，总规中提出的城市性质、发展方向、产业布局、功能分区、人口规模和规划范围等，进行绿地系统的总体布局、分类规划和植物规划。

(1)现状调查与分析：根据规划什么内容就调查什么内容的现状调查原则进行，调查前制作好各类调查表，确定绿地系统规划的依据、范围，分析现状的优势、特点、不足和限制因素。

(2)依托规划地的自然山水空间，进行绿地布局。

(3)绿地分类规划：城市或县城按公园绿地、生产绿地、防护绿地、附属绿地、其他绿地 5 大类进行分类规划；镇(乡)按公园绿地、防护绿地、附属绿地、生态景观绿地 4 大类进行分类规划。

(4)绿地植物规划：重点进行基调树种、骨干树种、特色树种、一般树种的规划及市树市花、县树县花或镇树镇花的推荐。

(5)避灾绿地规划：按中心防灾绿地、固定防灾绿地、紧急避灾绿地、疏散通道、缓冲隔离带进行规划。

八、实验方法与步骤

(一)前期准备

(1)查阅相关资料、掌握规划必备的基础知识;下载规划范围及周边区域的高清卫星影像图,在图上标注指北针、主要道路、公园绿地、广场、地标建筑等的名称,根据教师提供的地形图和用地规划图,了解规划范围内的地形,分析城市总体规划中该区域的规划用地情况、规划人口数量,明确居住用地、公园绿地及城市广场用地的规划比例和布局情况。

(2)准备现状调查表格和调查用具:各部分内容的调查表格可参考前面实验的附表。

(二)实地调查

对照卫星影像图和用地规划图沿道路进行普查,规划范围内的每个地块都需调查到,具体如下:

(1)各类绿地位置、范围、现状,绿地植物名称、生长状况、配置状况、绿地面积、绿化覆盖面积。

(2)以上地块周边现状用地类型及规划用地类型。

(3)现状道路名称、红线宽度、长度、道路绿带宽度、道路绿地植物种类、数量、配置形式、生长状况、交通状况等。

(4)根据现行的城市总体规划中的用地规划总图,实地调查规划区内总规中规划为绿地(G类)的地块建设绿地的可行性,初步确定适于建设的绿地类型,总规规划的周边用地性质及路网等是否适宜公园绿地建设,并通过地质资料分析场地的地质结构作为避灾绿地的适宜性。

(5)调查表上登记相应的地块的照片号。

(三)资料整理分析、规划构思

(1)现状分析:按5大类绿地对实地普查得到的资料进行整理、统计、分析。

(2)依托规划地的自然山水空间,进行绿地系统的总体布局:确定各类绿地布局的框架、梳理现状可保留或保留但需要改造或需改扩建的各类绿地、新建的各类绿地,统计以上所有类型地块的面积,根据总规预测的人口规模,分析规划区可能达到的绿地和公园绿地面积,预测规划区绿地率、绿化覆盖率和人均公园绿地面积。

(3)分类规划:城市或县城按公园绿地、生产绿地、防护绿地、附属绿地、其他绿地5大类进行分类规划;镇(乡)按公园绿地、防护绿地、附属绿地、生态景观绿地4大类以及绿地植物规划、避灾绿地规划,进行分类规划。

①公园绿地:按“实验二　城市公园绿地现状调查分析”和“实验三　城市公园绿地规划”中的实验内容和方法进行。

②城市防护绿地规划：按"实验七　城市防护绿地规划"中的实验内容和方法进行。

③附属绿地规划：按"实验四　城市道路绿地规划、实验五　城市居住绿地规划、实验六　城市防护绿地规划"中的实验内容和方法进行。

④城市其他绿地规划：按"实验八　城市其他绿地规划"中的实验内容和方法进行。

⑤城市绿地植物规划：按"实验九　城市绿地树种规划"中的实验内容和方法进行。

⑥城市避灾绿地规划：按"实验十一　城市避灾绿地规划"中的实验内容和方法进行。

(4)应用CAD软件测算规划的公园绿地500 m服务半径覆盖率，一般应规划公园绿地500 m服务半径覆盖率70%～80%或以上，如果没有达到预定的比例，对公园绿地进行布局的调整。

(四)规划初步成果汇报交流汇报

准备汇报时间为10～15 min的PPT，每个组推选一个学生进行汇报，其他组员作必要的补充，全体同学参与讨论，可以提出疑问和修改建议，老师点评，提出修改完善的建议。

(五)规划说明书编制与规划图绘制

(1)说明书主要内容包括规划依据、规划思想、规划期限、规划目标、规划地概况、现状分析、分类规划、规划的保障措施等。

(2)绘制规划区绿地结构规划布局图、绿地系统规划总图、道路绿地率规划图、单位绿地率规划图、居住绿地率规划图、避灾绿地规划图以及自己认为应该增加的图纸。

(六)总结实习的感悟

认真思考在本规划实践中学到的工作方法、规律、经验教训，以及领悟到的道理、心得等。

九、需提交的规划成果要求

提交的规划成果包括说明书和规划图纸。

(一)文字要求

(1)手写完成约4 000字的说明书，其中研究地概况及现状分析的内容不超过1 000字。研究生手写规划说明书7 000～8 000字，其中研究地概况及现状分析的内容不超过1 500字。

(2)说明书内容应包括规划依据、规划思想、规划范围、规划目标、规划指标、分类规划、植物规划、避灾绿地规划、分期规划、规划的保障措施。

(3)实习感悟：阐述在本规划实践中感悟到的方法、规律、经验教训、道理、心得等。

(二)规划图纸要求

所有规划图以 A3 图幅提交,要求制图规范、图面简洁明了,图例清晰、各类绿地布局合理。(注:制图规范见附件二)

十、重点思考的问题

(1)应如何根据城市、县城、镇区或乡政府驻地依托的自然山水空间格局和总体规划合理布局各类绿地?

(2)如何预测规划所能达到的绿地率和绿化覆盖率?

(3)植物规划应注意哪些问题?

十一、实习成绩考核

实习结束后,由指导教师对学生的实习表现(包括实习态度、实习纪律)、汇报交流情况以及提交的实习规划成果质量等作出综合评定。

注:可根据实习时间的学时数有选择地指定规划的内容,比如:实习时间为 3 天,可选择分类规划;实习时间为 6 天则全部规划内容均可完成。

附件一　实地调查中照片拍摄的注意事项

由于实地调查拍摄照片对于城市绿地现状的了解十分重要，也是对于存在问题分析、无法识别的植物进行后期识别的依据之一，因此在拍摄照片时应注意以下事项：

(1)现状普查时首先拍摄单位(用地)或道路的名称，然后再拍摄单位调查情况。

(2)调查时拍摄植物照片应注意：

①拍摄单位(用地)内和用地周边的植物配置总体情况，对用地内植物景观效果较好或效果差的都要拍摄照片。

②对用地内植物单体进行拍摄。对用地内植物单体出现病虫害的也要拍照，对于有虫害或有病害的局部要拍照；对用地内个别植物单体长势好，形态优美的也要拍照。

③遇到无法辨识的植物时要尽量多拍照。通过拍摄植株的整体形态、植株的树皮、枝干、叶的着生方式、叶的正反，有花、果的一定要拍摄花果，均有助于准确地识别植株。

(3)对于公园绿地、居住用地、单位拍照时，如果有平面图的也一定要拍摄，作为后期整理现状资料和规划的参考依据。

附件二　制图规范

图纸中应包含有图题、图界、指北针、风玫瑰、比例、比例尺、规划期限、图例、署名、编制日期、文字与说明等。

1. 图题

图题的内容应包括：项目名称（主题）、图名（副题）。

图题宜横写，不应遮盖图纸中现状与规划的实质内容。位置应选在图纸的上方正中，图纸的左上侧或右上侧。不应放在图纸内容的中间或图纸内容的下方。

2. 图界（建成区/规划区边界）

图界是图幅面内应涵盖的规划（现状）用地范围。

当用一幅图完整地标出全部规划图图界内的内容有困难时，可将突至图边外部的内容标明连接符号后，把连接符号以外的内容移至图边以内的适当位置上。移入图边以内部分的内容、方位、比例应与原图保持一致，并不得压占规划或现状的主要内容。

必要时，可绘制一张缩小比例的规划用地关系图，然后再将规划用地的自然分区、行政分区或规划分区按各自相对完整的要求，分别绘制在放大的分区图内。

3. 指北针与风玫瑰

图中应标绘指北针和风玫瑰图，指北针与风玫瑰图可一起标绘，指北针也可单独标绘。

指北针的标绘，应符合现行国家标准《房屋建筑制图统一标准》GB/T 50001 的有关规定。

组合型城市的规划图纸上应标绘城市各组合部分的风玫瑰图，各组合部分的风玫瑰图应绘制在其所代表的图幅上，也可在其下方用文字标明该风玫瑰图的适用地。

风玫瑰图应以细实线绘制风频玫瑰图，以细虚线绘制污染系数玫瑰图。风频玫瑰图与污染系数玫瑰图应重叠绘制在一起。

指北针与风玫瑰的位置应在图幅图区内的上方左侧或右侧。

4. 比例、比例尺

图上标注的比例应是图纸上单位长度与地形实际单位长度的比例关系。

除与尺度无关的规划图以外，必须在图上标绘出表示图纸上单位长度与地形实际单位长度比例关系的比例与比例尺。

在原图上制作的城市规划图的比例，应用阿拉伯数字表示。图纸经缩小或放大后使用的，应将比例数调整为图纸缩小或放大后的实际比例数值或加绘形象比例尺。形象比例尺应按下图所示绘制，图上一小格代表实物实际长度 0.5 km。

0 0.5 1 2km

比例尺的标绘位置可在风玫瑰图的下方或图例下方。

5. 规划期限

规划图应标注规划期限。

规划图上标注的期限应与规划文本中的期限一致。规划期限标注在副题的右侧或下方。

规划图的期限应标注规划期起始年份至规划期末年份并应用公元表示。

现状的图纸只标注现状年份，不标注规划期。现状年份应标注在副题的右侧或下方。

6. 图例

图上均应标绘有图例。图例由图形（线条或色块）与文字组成，文字是对图形的注释。

图例应绘在图纸的下方或下方的一侧。

7. 署名

规划图与现状图上必须署城市规划编制单位的正式名称，并可加绘编制单位的徽记；一般在规划图纸的右下方署名。

8. 编绘日期

图上应注明编绘日期。

编绘日期是指全套成果图完成的日期。如使用原有的相关规划图，应注明原成果图完成的日期。

一般在规划图纸下方，署名位置的右侧标注编绘日期。

9. 文字与说明

图上的文字、数字和代码均应笔画清晰、文字规范、字体易认、编排整齐、书写端正。标点符号的运用应准确、清楚。

图上的文字应使用中文标准简化汉字。涉外的规划项目，可在中文下方加注外文；数字应使用阿拉伯数字，计量单位应使用国家法定计量单位；代码应使用规定的英文字母，年份应用公元年表示。

文字高度应按下表中所列数字选用。

用途	文字高度/mm
用于缩图、底图	3.5、5.0、7.0、10、14、20、25、30、35
用于彩色挂图	7.0、10、14、20、25、30、35、40、45

注:经缩小或放大的规划图,文字高度随原图纸缩小或放大,以字迹容易辨认为标准。

图上的文字字体应易于辨认。中文应使用宋体、仿宋体、楷体、黑体、隶书体等,不得使用篆体和美术字体。外文应使用印刷体、书写体等,不得使用美术体等字体。数字应使用标准体、书写体。

图上的文字、数字,应用于图题、比例、图标、风玫瑰(指北针)、图例、署名、规划期限、编制日期、地名、路名、桥名、道路的通达地名、水系(河、江、湖、溪、海)名、名胜地名、主要公共设施名称、规划参数等。

10. 图幅规格

图幅规格可分规格幅面、特型幅面两类。直接使用0号、1号、2号、3号、4号规格幅面绘制的图纸为规格幅面图纸;不直接使用0号、1号、2号、3号、4号规格幅面绘制的规划图为特型幅面图纸。

特型图幅的城市规划图尺不做规定,宜有一对边长与规格图纸的边长相一致。

同一规划项目的图纸规格应一致。

11. 图号顺序

图纸的顺序宜按布局规划图排在前、各类绿地规划图排在后,现状图排在前、规划图排在后的原则进行编排。

大理市城市公园绿地规划图

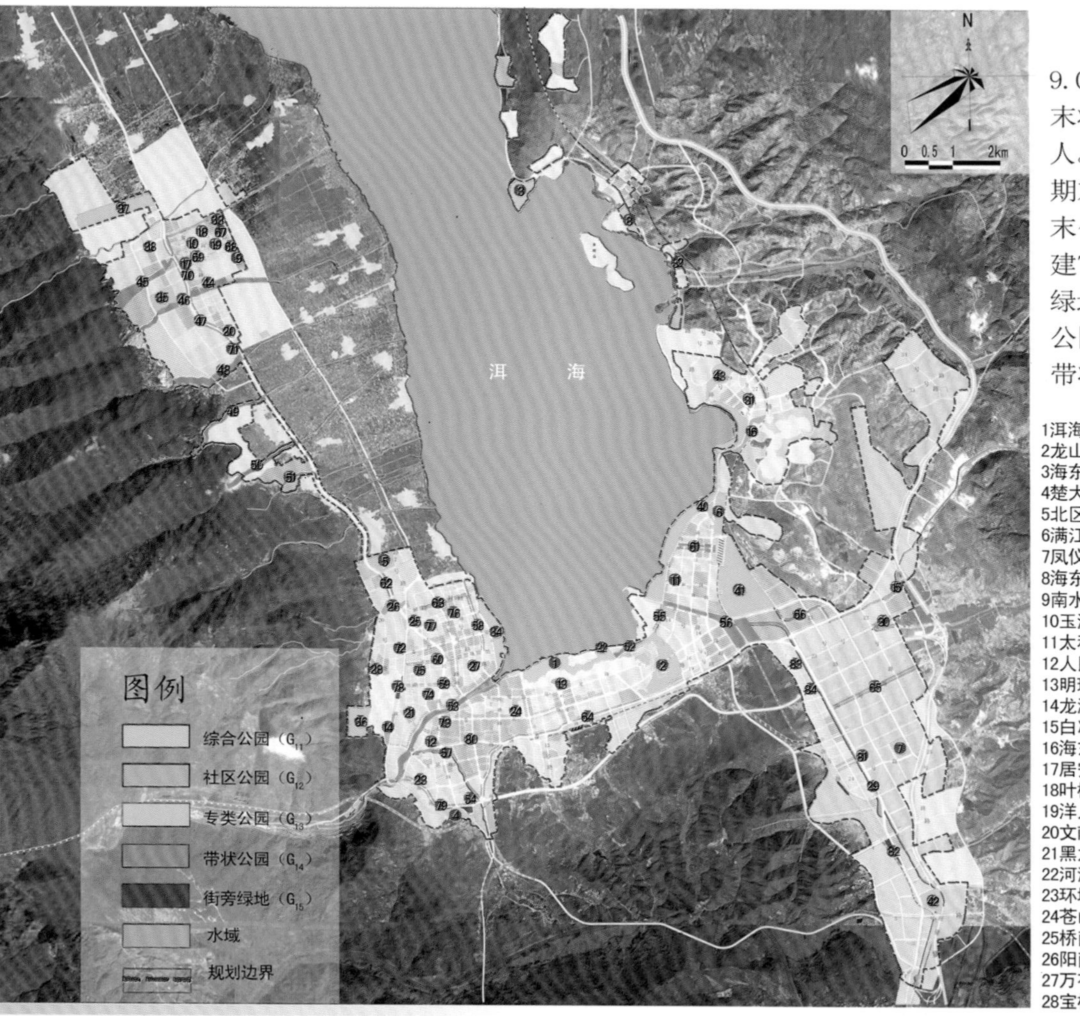

2011年末大理城市人均公园绿地面积为9.09㎡/人，近期末将达到10.39㎡/人，中期末将达到13.64㎡/人，远期末将达到15.02㎡/人。近期末规划公园绿地面积为551.88hm²；中期末规划公园绿地面积为836.42hm²；规划期末公园面积达到1141.15hm²。将改扩建和新建73个城市公园及街旁绿地，与原有的公园绿地共同构成公园绿地系统，包括7个综合性公园；22个社区公园；10个专类公园；19个带状公园；14个街旁绿地。

1洱海公园G_{11}
2龙山公园G_{11}
3海东观景公园G_{11}
4楚大高速公园G_{11}
5北区公园G_{11}
6满江公园G_{11}
7凤仪中央公园G_{11}
8海东公园G_{11}
9南水库公园G_{12}
10玉洱公园G_{12}
11太和公园G_{12}
12人民公园G_{12}
13明珠广场G_{12}
14龙溪公园G_{12}
15白冲菁公园G_{12}
16海东墅南公园G_{12}
17居安小游园G_{12}
18叶榆小游园G_{12}
19洋人街小游园G_{12}
20文献塔公园G_{12}
21黑龙桥北小游园G_{12}
22河湾小游园G_{12}
23环城南小游园G_{12}
24苍山小游园G_{12}
25桥南小游园G_{12}
26阳南河社区公园G_{12}
27万花小游园G_{12}
28宝林小游园G_{12}
29罗凤公园G_{12}
30龙王庙菁公园G_{12}
31海东城南小游园G_{12}
32海东城北小游园G_{12}
33北水库公园G_{13}
34洱海月湿地公园G_{13}
35一塔寺公园G_{13}
36将军洞景区G_{13}
37崇圣寺三塔公园G_{13}
38古城体育公园G_{13}
39天龙八部影视城G_{13}
40夏河湾湿地公园G_{13}
41红山森林公园G_{13}
42凤仪科技公园G_{13}
43海东体育公园G_{13}
44古城墙环城公园G_{14}
45白鹤溪滨河公园G_{14}
46中和溪森林公园G_{14}
47大凤路沿街公园G_{14}
48黑龙溪滨河公园G_{14}
49清碧溪公园G_{14}
50莫残溪公园G_{14}
51莫南溪公园G_{14}
52机场小游园G_{14}
53西洱河滨河公园G_{14}
54城南公园G_{14}
55滨海东路公园G_{14}
56波罗江滨河公园G_{14}
57金星滨河公园G_{14}
58兴盛公园G_{14}
59茫涌公园G_{14}
60万花公园G_{14}
61彩云公园G_{14}
62关北公园G_{14}
63岛东公园G_{14}
64滇源公园G_{14}
65清乐公园G_{14}
66白塔河公园G_{14}
67玉洱路街旁绿地G_{15}
68人民东路街旁绿地G_{15}
69人民西路街旁绿地G_{15}
70博爱南路街旁绿地G_{15}
71大凤路街旁绿地G_{15}
72苍洱西路街旁绿地G_{15}
73民乐小游园G_{15}
74雪仁南路小游园G_{15}
75雪仁中路小游园G_{15}
76泰安路东小游园G_{15}
77泰安路西小游园G_{15}
78城西街旁绿地G_{15}
79关南小游园G_{15}
80绿玉公园G_{15}
81丹凤路街旁绿地G_{15}
82仓北小游园G_{15}
83石龙公园G_{15}
84四家公园G_{15}

大理市城市绿地系统规划（2012-2025）

西南林学院城市设计院2011.8

附图3-1 城市公园绿地规划图示例

附图4-1 城市道路附属绿地率规划图示例

新平彝族傣族自治县县城绿地系统规划修编（2014-2030）

居住区附属绿地绿地率规划图

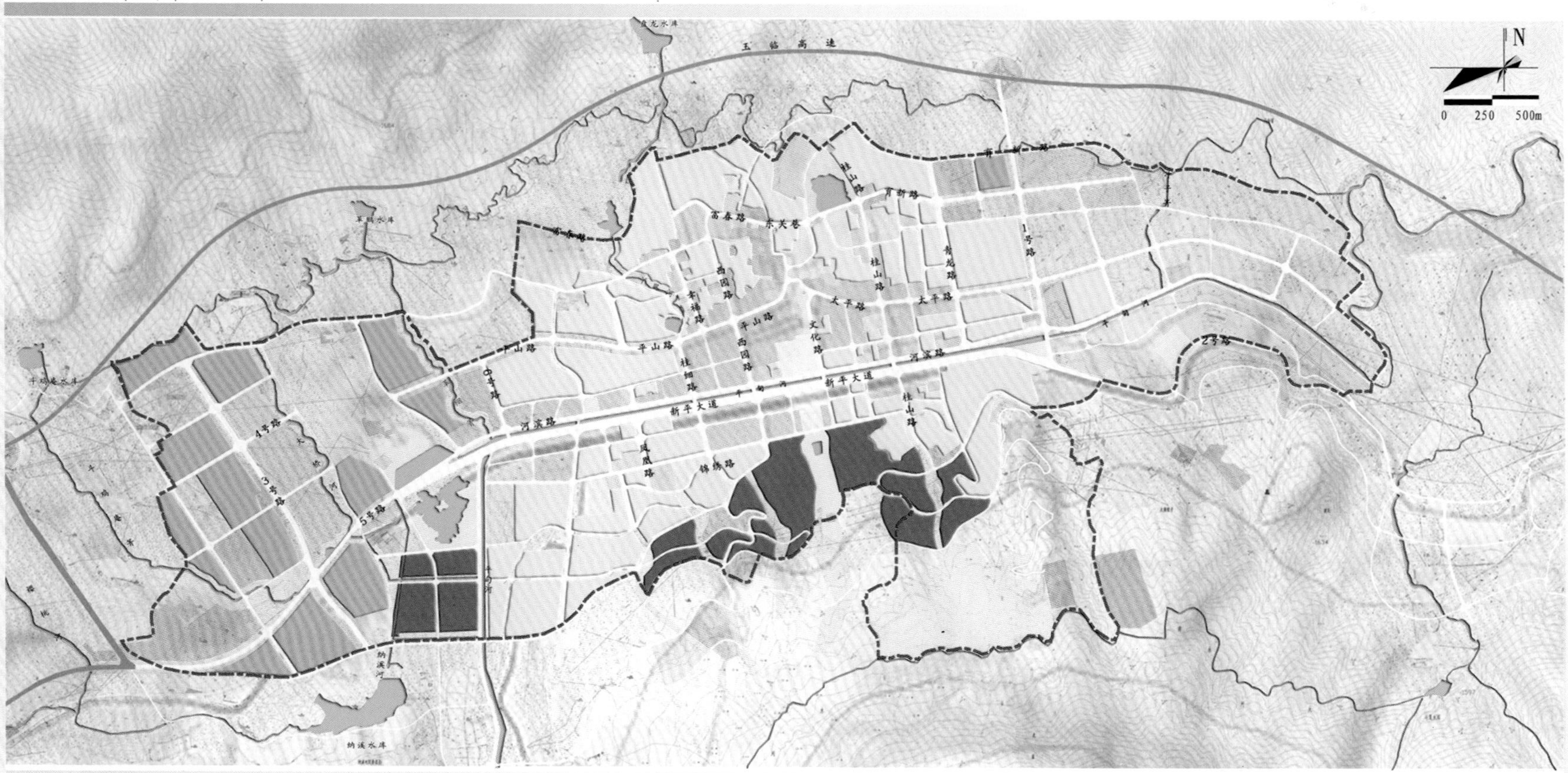

图例

- 绿地率≥40%
- 绿地率≥30%
- 绿地率≥25%
- 水体
- 建成区边界

新平县城居住附属绿地的绿地率规划目标为：一类居住用地绿地率≥40%，二类居住用地绿地率≥30%，旧城区的居住区绿地率≥25%。其中集中绿地的人均面积居住区不低于1.5m²，居住小区不低于1m²，住宅组团不低于0.5m²。

西南林学院城市设计院　2014.7

附图5-1 城市居住附属绿地率规划图

大理市城市工业及仓储附属绿地绿地率规划图

规划大理市工业用地附属绿地绿地率15-20%，仓储用地绿地率≥20%。

图例

- 绿地率 ≥ 20%
- 绿地率 ≤ 20%
- 水域
- 规划边界

大理市城市绿地系统规划（2012-2025）

西南林学院城市设计院 2012.4

附图6-1 城市工业附属绿地率规划图示例

宣威市城市防护绿地规划图

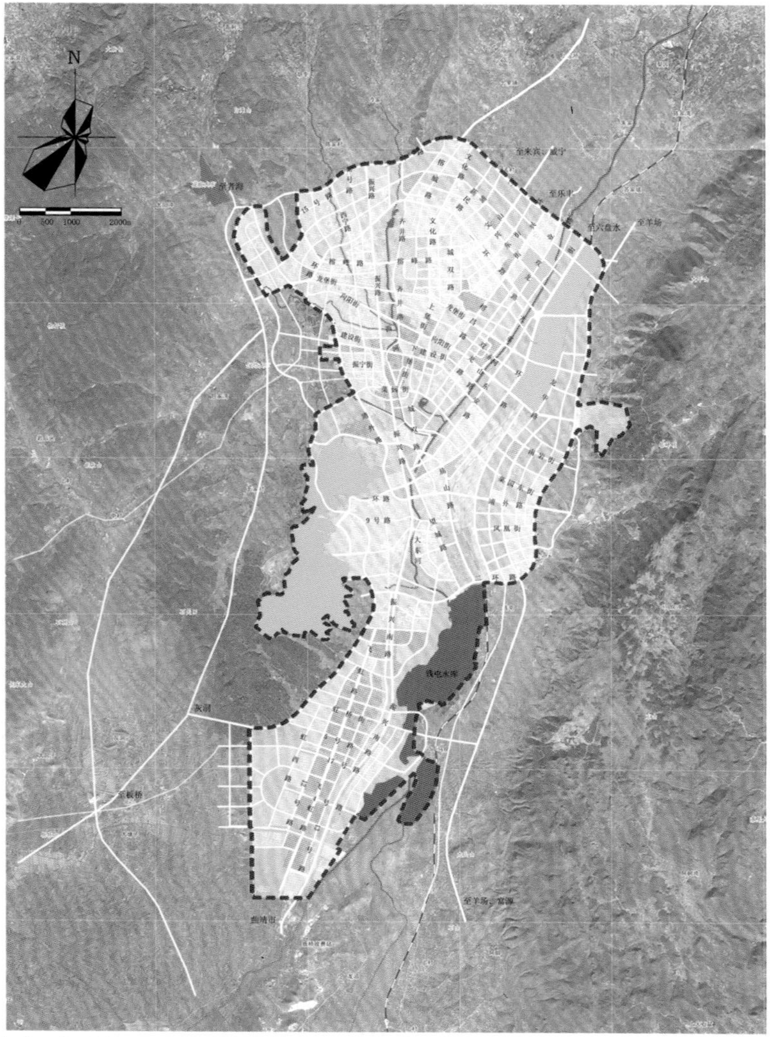

依据宣威市城市特点，重点建设道路防护林体系、水源防护林、工业卫生防护林体系等，营造生态和谐、环境优美的城市大环境。重点控制326国道、宣天一级路、景观大道道路两侧的道路防护绿地，每侧形成不低于50米的防护林带，在城市东北部工业区与生活区之间，按不同区位和防护要求，设置100～200米宽的安全、卫生防护隔离林带。

图 例

防护绿地 (G_3)

水体

规划边界

XUANWEISHICHENGSHILVDIXITONGGUIHUA

宣威市城市绿地系统规划（2011-2030）

西南林学院城市设计院2011.8

附图7-1 城市防护绿地规划图示例

师宗县城绿地系统规划（2009-2025）

PLANNING OF GREEN SYSTEM

师宗县城其他绿地规划图

城市其他绿地是指对城市生态环境质量、城市景观和生物多样性保护有直接影响的绿地，位于城市规划区以外、控制区以内的生态绿地。

根据其他绿地的性质，在规划区范围外的县城周边山体、水体等处规划其他绿地，主要包括：西华寺森林公园、石湖郊野公园、小石山防护林、小青山防护林、组团隔离带、子午河防护林、丹凤湿地、溜子田水库防护林、垃圾处理厂防护林、农业观光区旁生态林、笔架山风景林、大堵水库防护林等防护林带，为师宗县城营造一个绿色生态大背景。

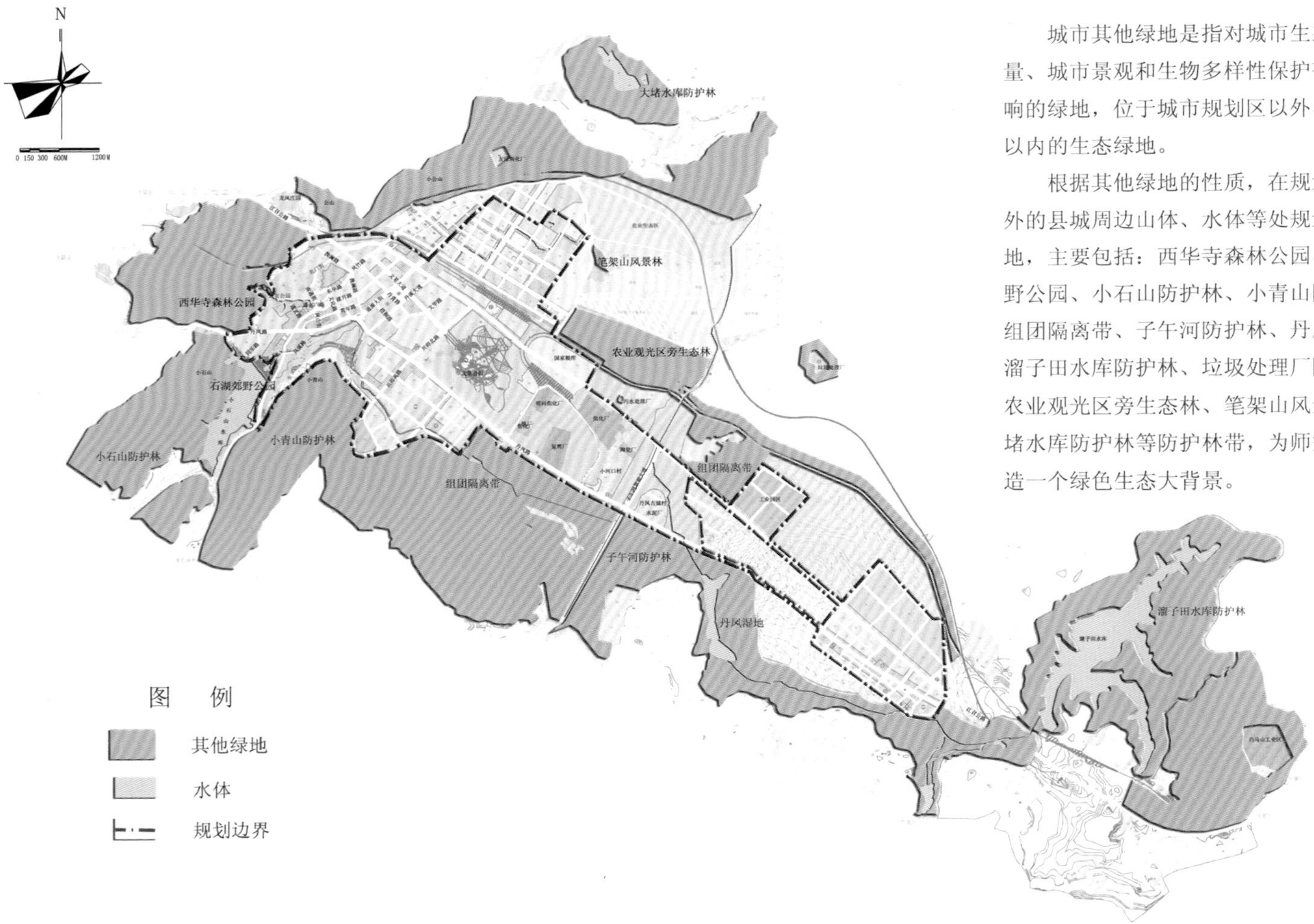

N

0 150 300 600M 1200M

大堵水库防护林

笔架山风景林

西华寺森林公园

农业观光区旁生态林

石湖郊野公园

小石山防护林

小青山防护林

组团隔离带

组团隔离带

子午河防护林

丹凤湿地

溜子田水库防护林

图　例

其他绿地

水体

规划边界

西南林学院城市设计院（2008.10）

附图8-1 城市其他绿地规划图示例

附图9-1 城市绿地植物规划图示例（1）

附图9-2 城市植物规划示意图示例（2）

风庆县城古树名木及后备资源保护规划（2014-2030）

风庆县城古树名木及后备资源现状分布图

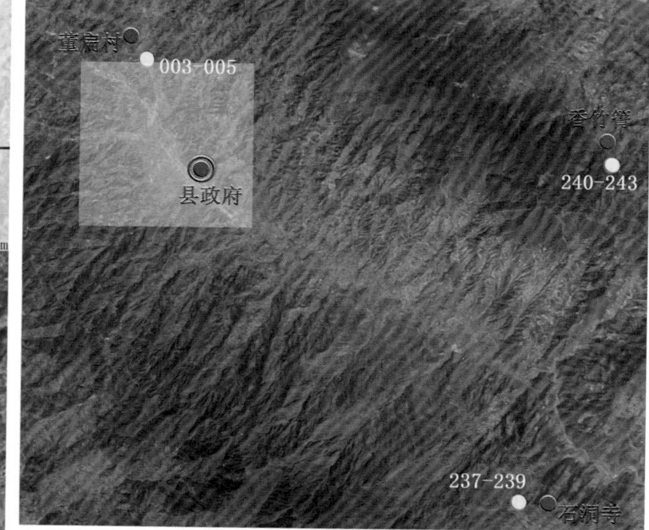

经调查风庆县城规划区及周边共有古树及其后备资源12科14属18种，共计340株（含6个古树群）。其中一级古树（300年及以上）5株，二级古树（100-299年）46株，后备古树资源（50-99年）18株。

图 例

县政府　村庄

古树群　单株古树及后备资源

西南林学院城市设计院　2013.12

附图10-1 城市古树名木及后备资源现状分布图示例

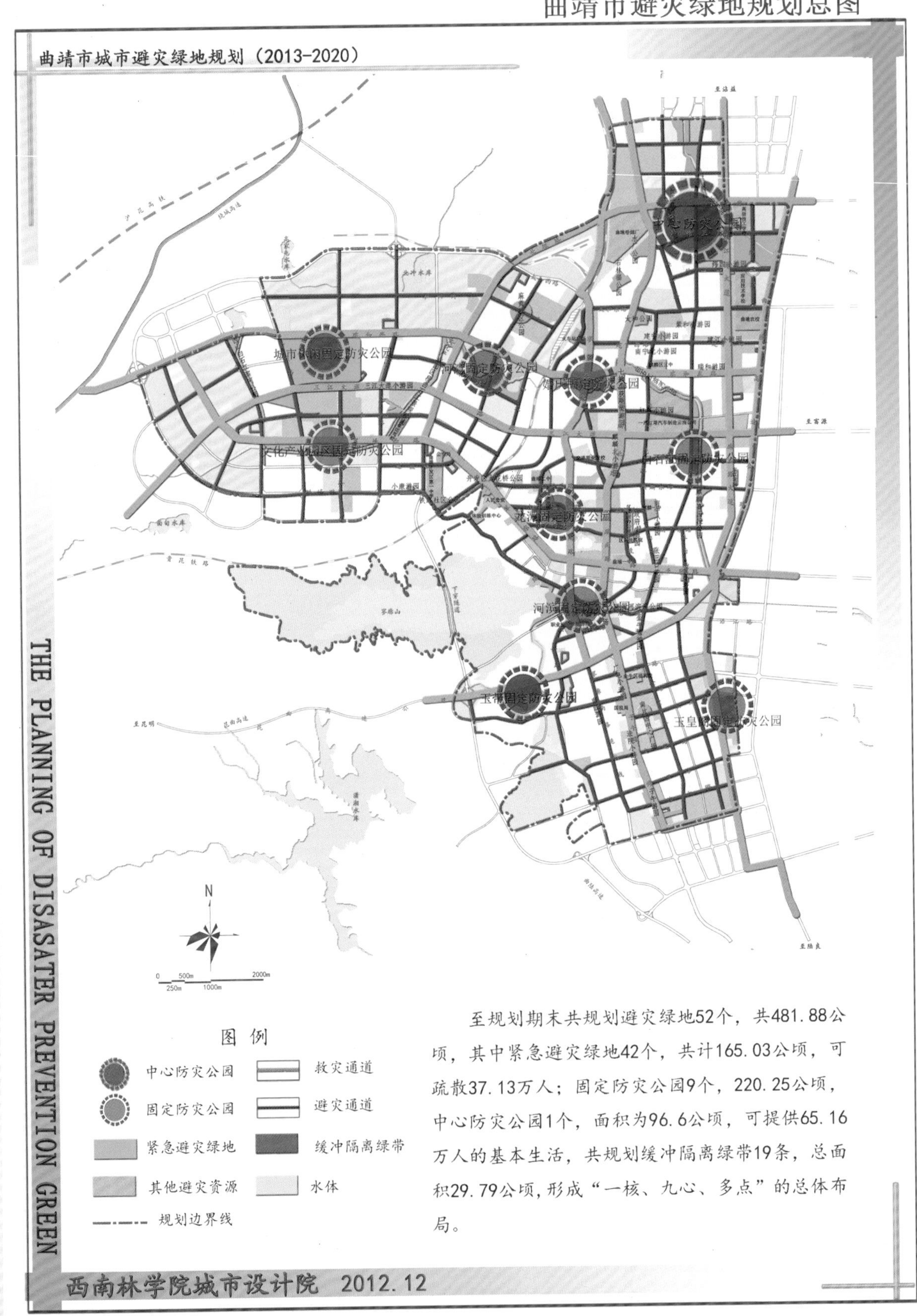

附图11-1 城市避灾绿地规划总图示例